电力设备技术监督典型案例

SHUDIAN XIANLU JI BAOHU TONGXIN SHEBEI

输电线路及保护通信设备

丛书主编　戴庆华

主　　编　雷红才　漆铭钧

中国电力出版社
CHINA ELECTRIC POWER PRESS

内 容 提 要

《电力设备技术监督典型案例》丛书由180余篇典型案例构成,本分册为《输电线路及保护通信设备》。本书系统收集了输电线路、电力电缆、继电保护设备、保护通信设备技术监督典型案例,详细介绍了案例的监督依据、违反条款、案例简介和案例分析等情况,并提出了具体的监督意见和要求。

本书可供从事电力设备技术监督、质量监督、设计制造、安装调试及运维检修的技术和管理人员使用,也可供电力类高校、高职院校的教师和学生阅读参考。

图书在版编目(CIP)数据

输电线路及保护通信设备/雷红才,漆铭均主编. —北京:中国电力出版社,2017.6

电力设备技术监督典型案例/戴庆华主编

ISBN 978 - 7 - 5123 - 9460 - 5

Ⅰ. ①输… Ⅱ. ①雷… ②漆… Ⅲ. ①输电线路—通信设备—技术监督—案例 Ⅳ. ①TM726

中国版本图书馆 CIP 数据核字(2016)第 136579 号

中国电力出版社出版、发行

(北京市东城区北京站西街19号 100005 http://www.cepp.sgcc.com.cn)

三河市万龙印装有限公司印刷

各地新华书店经售

*

2016 年 8 月第一版 2017 年 6 月北京第二次印刷

787 毫米×1092 毫米 16 开本 12.5 印张 269 千字

印数 3001—5000 册 定价 **63.00** 元

敬 告 读 者

本书封底贴有防伪标签,刮开涂层可查询真伪

本书如有印装质量问题,我社发行部负责退换

版 权 专 有 翻 印 必 究

《电力设备技术监督典型案例 输电线路及保护通信设备》
编 委 会

丛 书 主 编　戴庆华

主　　　编　雷红才　漆铭钧

副 主 编　彭　江　徐玲玲　周卫华　周年光

编写组成员　黄福勇　刘海峰　王　峰　段建家　李　欣

　　　　　　金　焱　邵　进　王洪飞　焦　飞　潘　伟

　　　　　　龚政雄　毛柳明　王海跃　姚　尧　毕建刚

　　　　　　杨　圆　岳一石　赵世华　王　成　陈润兰

　　　　　　是艳杰　黄国栋　张亮峰　艾　伟　许立强

　　　　　　曾　鹏　卢甜甜　葛　强　谢晓骞　阳金纯

　　　　　　彭　详　雷　挺　臧　欣　高楠楠　岳昌斌

　　　　　　陈志勇　丁　宁　夏　骏　席崇羽　胡　军

　　　　　　敖　非　熊　杰　胡乃锋　彭　波　毛文奇

　　　　　　何　度　向　萌　巢亚锋　芦　强　陈超强

　　　　　　段非非　周学明　张耀东　杨　义　唐民富

　　　　　　王　军　张　柳　梁文武　李振文　吴晋波

　　　　　　陈健强

序

序

　　电力行业是资产密集型、知识密集型和技术密集型行业，是社会经济发展的基础行业，更是关系国家能源安全和国民经济发展大局的重要行业，对从业人员的专业水平和敬业精神均提出了较高要求。同时，因为电网设备种类繁多、涉及专业众多，电网设备安全稳定运行保障难度大，所以设备在全过程的技术监督工作意义重大。部分电力设备技术监督从业人员，往往由于从业时间较短、资历较浅和水平较低等客观原因，在开展技术监督工作时不能充分履行监督职责，不能全面、准确地发现问题，从而影响技术监督工作的权威性，甚至出现监督失误。这种情况和局面并非不能改观，强化技术监督的知识和经验的培训、交流和协作，就是很好的途径与方式。

　　2015 年起，国网湖南省电力公司按照"平等、互助、互惠、互利"的原则，根据地域特征及生产管理特点，将 14 个地市公司和省检修公司各分部，分为 4 个协作片区，制定区域协作制度，明确职责分工，制订工作计划，开展常态技术监督区域协作工作，旨在通过单位间的相互协作，达到"以他山之石，攻本山之玉"的效果，实现技术监督工作的合作共赢，共同进步，并借此推动湖南公司系统技术监督和生产管理水平的整体提升。通过一年多的实践证明，区域技术监督协作机制的创新与实施，实现了单位间"互通技术监督信息、互补技术监督装备、共享技术监督人才、协同专业技术培训"的预期成效，有效地促进了技术监督支撑和保障安全生产的能力和水平提升。2016 年 3 月，"区域技术监督协作机制创新与实践"项目获得第五届全国电力行业设备管理创新成果特等奖，更是给了我们莫大的鼓舞。

　　2015 年 6 月开始，我们组织收集了湖南公司近十年的技术监督典型案例近 200 篇，并多次组织进行了内部筛选、审查。2016 年，我们再次组织部分行业专家对收集的案例进行审核、修改和完善，优选了其中 140 余篇具有代表性的案例，并补充了中国电力科学研究院，以及国网北京电力公司、国网江苏电力公司、国网湖北电力公司和国网河南电力公司等国内同行推荐的 40 多篇典型案例，汇编成《电力设备技术监督典型案例》丛书。丛书分为《变压器类设备》《避雷器及开关类设备》和《输电线路及保护通信设备》三册，望通过《电力设备技术监督典型案例》丛书的汇编出版，实现更大范围的技术监督经验交流与成果共享。

　　此丛书在编辑出版过程中，得到了国家电网公司运检部副主任杜贵和等领导和专家的大力支持与指导，在此一并致谢！

戴汶伟

2016 年 7 月

前　言

　　电力设备技术监督是电力企业的基础和核心工作之一，是电网设备安全运行的保障。为了强化技术监督的知识，方便开展技术监督经验的培训、交流和协作，特编写《电力设备技术监督典型案例》丛书，本分册为《输电线路及保护通信设备》。

　　本书系统收集了输电线路、电力电缆、继电保护设备、保护通信设备技术监督典型案例，以图文并茂的形式，介绍了案例发生的过程，剖析了故障及异常产生的原因，指出了案例违反的条款，并提出了技术监督工作的意见及要求。

　　本书在编辑出版过程中，得到公司领导和专家的大力支持与指导，在此一并致谢。

　　由于经验和能力所限，书中难免存在不足之处，敬请广大读者批评指正。

编　者

2016 年 7 月

目　录

序
前言

第**1**章

输电线路技术监督典型案例

1000kV 输电线路因设计问题导致线路均压环支撑件断裂

监督专业：金属	监督手段：专业巡视
发现环节：运维检修	问题来源：设备设计

1 监督依据

Q/GDW 290—2009《1000kV 交流架空输电线路金具技术规范》

2 违反条款

Q/GDW 290—2009《1000kV 交流架空输电线路金具技术规范》中第 4.4.1 条规定：均压环和屏蔽环应具有足够的机械强度，能承受不小于 2000N 的静态机械载荷，无论是环体还是连接支架不得因风振引起松动或疲劳损坏。

3 案例简介

2014 年 10 月，对某 1000kV 线路进行停电检修时，发现 295、331 号耐张杆塔共有 10 只管型硬跳线均压屏蔽环出现连接支撑板和支撑杆断裂情况，其中 295 号耐张杆塔有 9 只，331 号耐张杆塔有 1 只。该类缺陷在 2011 年和 2013 年停电检修中均出现过，且金具为同一厂家生产。

4 案例分析

4.1 缺陷情况

2011、2013、2014 年停电检修过程中共发现 14 只损坏的均压屏蔽环，且都是同一厂家产品，其中均压屏蔽环支撑杆断裂的有 2 只，支撑杆与连板间脱焊的有 1 只，连接支撑板断裂的有 11 只，详情见表 1 和图 1。

表 1   均压屏蔽环损坏情况统计表

杆塔号	相别	断 裂 部 位	发现时间
291	中相	支撑杆与连接支撑板焊缝处脱开	2011
321	中相	连接支撑板根部接近螺孔	2013
321	右相	连接支撑板根部接近螺孔	2013
295	左相	连接支撑板根部接近支撑杆与支撑板焊缝处脱焊断裂	2014
295	左相	连接支撑板根部接近螺孔	2014
295	左相	连接支撑板根部接近螺孔	2014

杆塔号	相别	断 裂 部 位	发现时间
295	左相	连接支撑板根部接近螺孔	2014
295	中相	连接支撑板根部接近螺孔（仅有裂纹）	2014
295	中相	连接支撑板根部接近螺孔	2014
295	中相	连接支撑板根部接近螺孔	2014
295	右相	连接支撑板根部接近螺孔（仅有裂纹）	2014
295	右相	支撑杆根部接近焊缝	2014
331	右相	支撑杆根部接近焊缝	2014

图 1　均压屏蔽环损坏情况

4.2　故障原因分析

某 1000kV 线路 209～565 号耐张跳线两端的均压屏蔽环型号为 FJP-1000T-300/550，由 3 个厂家提供，分别为厂家甲（本次缺陷均压屏蔽环生产厂家）、厂家乙和厂家丙。其中 209～359 号区段内的 16 基耐张塔跳线两端的均压屏蔽环由厂家甲提供（发生缺陷的 4 基杆塔均在该区段内）；360～427 号区段内的 6 基耐张塔跳线两端的均压屏蔽环由厂家乙提供；428～565 号区段内的 16 基耐张塔跳线两端的均压屏蔽环由厂家丙提供。

所有均压屏蔽环的材质为铝合金，挤压铝型材制成。全线 209～565 号耐张杆塔上均压屏蔽环的相关尺寸和材质参数如表 2 所示，FJP-1000T-300/550 的跑道型均匀屏蔽环示意图如图 2 所示。

表 2　　　　　　　　　　耐张塔屏蔽环的尺寸和材质

型号	厂家	主要尺寸（mm）						连板材质	支撑杆材质	均匀屏蔽环材质	安装位置
		外环铝管直径	外环短径	外环长径	均匀屏蔽环高度	支撑杆直径	连板厚度				
FJP-1000T-300/550	甲	120	1220	1820	335	29	12	铝合金	铝合金	铝合金	209-359（16基）
FJP-1000T-300/550	乙	120	1220	1820	335	40×25.5	16	铝合金	铝合金	铝合金	360-427（6基）
FJP-1000T-300/550	丙	120	1220	1820	335	40×25.5	16	铝合金	铝合金	铝合金	428-565（16基）

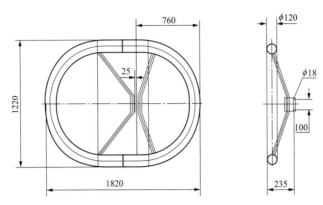

图 2   FJP-1000T-300/550 的跑道型均匀屏蔽环示意图

从表 2 中可以看出三个厂家的均压屏蔽环型号和材质均相同，外环铝管直径、外环短径、外环长径尺寸相同，但屏蔽环连板厚度、支撑杆直径不同。

厂家甲屏蔽环连板厚度为 12mm，厂家乙和厂家丙（实际为一个厂家）均压屏蔽环连板厚度为 16mm，厂家甲均压屏蔽环连板厚度比厂家乙和厂家丙均压屏蔽环连板厚度薄 25%。根据力学计算，16mm 厚度连板比 12mm 连板的极限弯矩大 77.7%。12mm 屏蔽环连板强度明显比 16mm 连板低。

厂家甲支撑杆为直径 29mm 的实心铝合金杆，厂家乙和厂家丙支撑杆为外径 40mm、内径 25.5mm 的空心铝合金杆。通过计算空心铝管（铝管外径 40mm、内径 25.5mm）比实心铝棒（直径 29mm）的极限弯矩大 63.7%，直径 29mm 屏蔽环支撑杆相对强度不足。

综上分析可知，厂家甲生产的均压屏蔽环支撑杆和支撑连板机械强度不足，是由于均压屏蔽环支撑杆和连板设计不合理造成的。

5   监督意见及要求

（1）通过分析，厂家甲生产的均压屏蔽环缺陷是由于均压屏蔽环支撑杆和连板设计不合理造成的，满足家族缺陷认定条件，因此可以认为该均压屏蔽环缺陷为家族性缺陷。

（2）对同厂、同型号及批次均压屏蔽环，应按家族缺陷管理相关要求，尽快安排更换。

报送人员：董晓虎、龙飞、胡川、雷成华。
报送单位：国网湖北检修公司。

±800kV 输电线路导线引流板紧固不牢导致温度异常

监督专业：电气设备性能　　监督手段：带电检测
发现环节：运维检修　　　　问题来源：设备安装

1 监督依据

DL/T 664—2008《带电设备红外诊断应用规范》

2 违反条款

DL/T 664—2008《带电设备红外诊断应用规范》附录 A 规定，输电导线的连接器发热缺陷的诊断判据是热点温度大于 90℃或 $\delta \geqslant 80\%$（δ 是相对温差），可判断热点缺陷性质为严重缺陷。

3 案例简介

2014 年 8 月，运维人员发现某 ±800kV 线路 0585 号极Ⅰ大号侧 4 号子导线引流板温升异常，热点温度 72.7℃，环境温度 32.3℃，温差 40.4℃。发热缺陷数据如表 1 所示，现场红外测温图谱及发热部位如图 1～图 4 所示，0585 号Ⅰ跳线安装图和可见光图像如图 5、图 6 所示。

该线路于 2014 年 6 月投运，0585 号导线型号为 JL/G2A-900/75，导线耐张线夹型号为 NY-900/75，该型耐张线夹长期运行温度在 100℃以下。

表 1　　　　　　　　　　　　引流板发热缺陷数据

序号	测量时间	引流板温度（℃）	导线温度（℃）	温差（℃）	环境温度（℃）	相对湿度（％）	风速（m/s）	负荷（MW）	仪器型号
1	2014-8-15	72.7	32.3	40.4	26	80	3	8000	P60
2	2014-8-16	71.1	29.3	41.8	27	50	2	8000	T330
3	2014-8-17	73.3	28.3	45	27	60	3	8000	T330
4	2014-8-18	75.4	27.6	47.8	26	70	2.5	8000	T330
5	2014-8-19	74.6	30.1	44.5	28	65	2.4	8000	T330
6	2014-8-20	78.3	28.3	50	27	70	3	8000	T330
7	2014-8-21	86.3	26.3	60	26.1	65	2	8000	T330
8	2014-8-22	73.8	26.3	47.5	25	60	2.4	8000	T330

序号	测量时间	引流板温度（℃）	导线温度（℃）	温差（℃）	环境温度（℃）	相对湿度（%）	风速（m/s）	负荷（MW）	仪器型号
9	2014-8-23	104.6	35.1	69.5	29	60	2.7	8000	T330
10	2014-8-24	102	24.4	77.6	27.1	55	3	8000	T330
11	2014-8-25	91	24	67	23	60	3.1	8000	T330
12	2014-8-26	94.3	17.2	77.1	20	50	2	8000	T330
13	2014-8-27	90.3	16.9	73.4	20	65	2.2	8000	T330

图 1　2014 年 8 月 15 日红外检测图谱

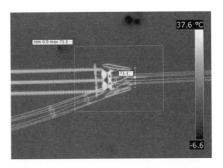

图 2　2014 年 8 月 16 日红外检测图谱

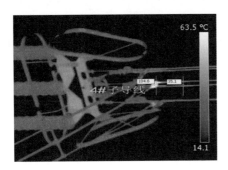

图 3　2014 年 8 月 22 日红外检测图谱

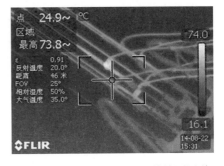

图 4　2014 年 8 月 22 日红外检测图谱

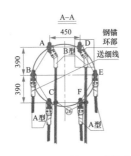

图 5　2014 年 0585 号极Ⅰ跳线安装图

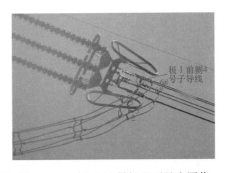

图 6　2014 年 0585 号极Ⅰ可见光图像

4 案例分析

同类型部件中仅一处发热异常，初步判断是由安装缺陷所致，引流板安装缺陷导致发热的主要原因有：①引流板表面未清理干净，如表面保护膜或泥土等杂质未清除干净，造成接触电阻过大；②导电脂涂抹不均匀，造成导流板局部接触电阻增大；③引流板螺栓安装不规范，如螺栓紧固未采用力矩扳手、螺栓装配漏装弹簧垫圈或平垫圈等，紧固压力不足则将会造成连接螺栓在运行中松动发热。

正常情况下引流板接触面为面接触，发热应均匀，但如果面接触变成了线接触或点接触，导致局部接触电阻过大而形成局部热源，并通过热传使整个引流板温度升高，而此时内部发热点处温度远大于引流板表面的温度。红外测温显示引流板外部温度普遍高于70℃，则引流板内部局部热源温度可能超过100℃，甚至更高。

由于铝、铁的热膨胀系数相差较大，其热膨胀系数分别为 $23 \times 10^{-6}/℃$、$12 \times 10^{-6}/℃$。随着温度的升高，引流板螺栓连接处将发生局部变形，变为点接触或线接触，形成新的发热点。此外，引流板接触面导电脂的滴点温度为300℃左右，当温度升高时，导电脂将液化流动，使原来面接触部位变为线接触或点接触部位，也会形成新的发热点。铝的熔点为660℃，局部点接触形成的热源会造成引流板局部融化烧损。因此，耐张线夹引流板发热是一个动态发展过程，随着温度的升高将出现恶性循环，引流板内部会形成更多的发热点，造成温度更高。

2015年9月进行带电消缺，对0585号极Ⅰ前侧4号子导线发热部位引流板螺栓逐个进行紧固，并涂刷导电脂。消缺后采用红外热像仪进行复测，引流板未见异常。

5 监督意见及要求

（1）输电线路竣工验收时，应加强对导线引流板等连接部位施工质量的验收，防止因紧固不到位造成发热缺陷。

（2）高温天气或负荷较大时，应对导线接续金具、耐张线夹及其他重要连接部位开展红外测温，发现缺陷及时处理。

报送人员：陈俊、彭晓亮、邓志勇。
报送单位：湖南省电网工程公司。

±800kV 输电线路跳线管母连接螺栓松动导致连接金具发热

监督专业：电气设备性能　　　监督手段：带电检测
发现环节：运维检修　　　　　问题来源：设备安装

1　监督依据

DL/T 664—2008《带电设备红外诊断应用规范》
Q/GDW 11092—2013《直流架空输电线路运行规程》

2　违反条款

DL/T 664—2008《带电设备红外诊断应用规范》附录 A 规定，输电导线的连接器发热缺陷诊断判据：热点温度大于 90℃或 $\delta \geqslant 80\%$（δ 是相对温差），可判断热点缺陷性质为严重缺陷。

Q/GDW 11092—2013《直流架空输电线路运行规程》第 5.5.3 条规定：接续金具不应出现下列任一情况：

 a）外观鼓包、裂纹、烧伤、滑移、端部径缩，弯曲度大于 2%；
 b）接续金具测试温度高于导线温度 10℃，跳线连板温度高于导线温度 10℃；
 c）接续金具的电压降比同样长度导线的电压降的比值大于 1.2；
 d）接续金具过热变色或连接螺栓松动，有相对位移；
 e）检查发现接续金具内严重烧伤、断裂、压接不实或压接施工不规范。

3　案例简介

2014 年 6 月，通过直升机巡线发现，某±800kV 线路 1564 号极Ⅱ大号侧 5 号子导线连接金具存在异常发热现象，运维人员多次复测确认异常发热缺陷。2015 年 2 月，在±800kV 该线路停电检修时，对 1564 号杆塔连接螺栓进行了重点检查，发现 1564 号极Ⅱ大号侧跳线管母连接螺栓松动，处理后恢复正常运行。

4　案例分析

4.1　红外测温

（1）直升机巡视测温情况。2014 年 6 月 26 日，国网通航公司在对某±800kV 线路进行直升机巡视测温时，发现 1564 号极Ⅱ大号侧 5 号子导线调整板与 U 型挂环连接螺栓等部位发热，如图 1 所示，热点温度 83.2℃，正常相温度 35.1℃，相对温升 48.1℃，环境温度 30℃，相对湿度 30%。

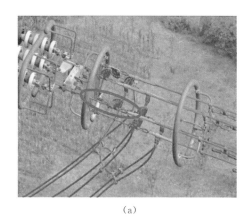 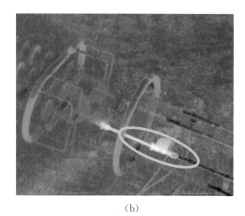

（a）　　　　　　　　　　　　　　　（b）

图 1　直升机巡视和测温 1564 号发热点图片
（a）直升机巡视图；（b）测温 1564 号发热点

（2）红外复测。2014 年 6 月 27 日～7 月 16 日，运维单位采取夜间精确测温和扩大范围联合复测的措施，对 1564 号发热点进行多次复测，复测结果与直升机巡视测温情况基本一致，未见其他部位存在异常情况。测试结果显示在不同时段的热点最高温度为 103℃，最低温度为 69.2℃，相对温升为 38～70℃，红外测温复测图谱如图 2 所示，发热部位如图 3 所示。

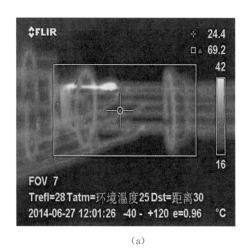 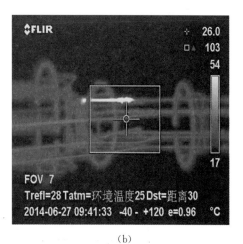

（a）　　　　　　　　　　　　　　　（b）

图 2　红外测温复测图谱
（a）热点最低温度图谱；（b）热点最高温度图谱

4.2　金具温度场热电耦合仿真计算

直流线路发热故障一般为电流致热型，为明确发热金具流通电流大小，针对连接金具开展了热电耦合仿真计算。鉴于连接金具流通电流全部经过圆形截面的延长拉杆，选取一段延长拉杆进行仿真计算。发热金具延长拉杆如图 4 所示，热电耦合仿真计算参数如表 1 所示。

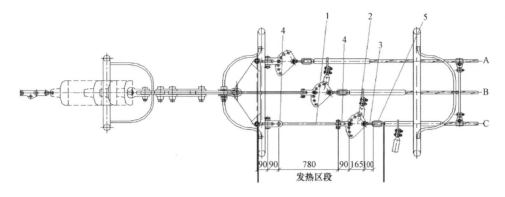

图 3　发热部位示意图

1—延长拉杆；2—调整板；3—U 型挂环；4—直角挂板；5—钢锚

表 1 仿 真 计 算 参 数

材料参数	几何参数	载荷
热传导率 k=60.5W/（m·℃）	金具直径 D=30mm	对流换热系数 H=5W/（m²·℃）
线电阻率 r=（1.7e^{-7}）Ω·m	计算选取长度 L=100mm	环境温度 T=30℃

以图 2 所示的红外测温为依据进行仿真计算，首先确认延长拉杆温度为 67.7℃，进一步通过热电耦合仿真计算得到流通延长拉杆的电流大小。计算模型节点数为 22 044，单元数为 4902，发热金具延长拉杆部件如图 4 所示，延长拉杆横截面网格划分如图 5 所示。

计算结果表明：当流通连接金具延长拉杆电流为 253A 时，金具温度为 67.7℃，计算结果温度场如图 6 所示。

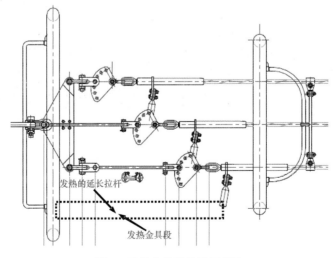

图 4　发热金具延长拉杆部件

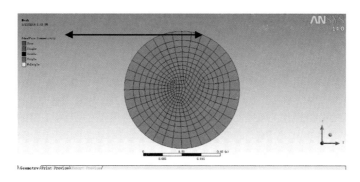

图5 延长拉杆横截面网格划分

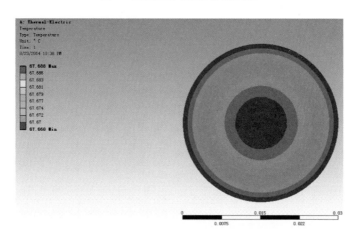

图6 电流253A时延长拉杆温度场

4.3 原因分析

（1）自2014年6月26日发现此处温差问题后，多次到现场进行复测，现场检测数据基本一致，前后共使用了三家单位的仪器进行检测，可排除现场测温误差和仪器故障问题。

（2）经现场红外测温成像，发现发热点为1564号极Ⅱ前侧5号子导线耐张线夹钢锚、U型挂环、调整板、直角挂板、延长拉杆共4个类型5个金具相连，同一批次金具未出现发热现象，耐张线夹仅钢锚锚头温差异常，而锚管无异常（同一锻造件另一部位未出现发热现象），可排除发热点金具材质问题。

（3）多年运行经验表明，若引流板连接不到位或耐张线夹过压、欠压等都将出现过大温差，经查阅历史记录和今年多频次、多位置红外检测，1564号极Ⅱ前后侧线夹、引流板、跳线管母、间隔棒、接续管、导线等部位均未出现过大温差现象，可排除引流板连接不到位或耐张线夹过压、欠压等问题。

（4）该发热金具在不同时段的红外测温结果显示其最高温度103℃，金具材质为Q345，目前处于长期超常温运行状态。据相关文献报道：钢材的高温屈服强度随温度升高而逐渐降低，在200℃范围内，屈服强度降低较小；在200～600℃范围内，屈服强度降低幅度增大。Q345屈服强度为345MPa，其在100℃的屈服强度降低系数为0.96，故5号子导线连接金具在温度为103℃时的屈服强度约为330MPa。参照Q/GDW 296—

2009《±800kV架空输电线路设计技术规程》连接金具在正常工况的安全系数为2.5，事故工况的安全系数为1.5。目前1564号极Ⅱ5号子导线连接金具安全系数为2.4，介于1.5～2.5之间。在目前温度及运行条件下，该连接金具结构受力性能是安全的，但如果继续发展，将导致安全系数持续降低，直至引发设备故障。

4.4 缺陷处理

2015年2月，线路停电检修时，对1564号引流连接螺栓进行了检查，如图7所示，发现1564号跳线管母连接螺栓松动并进行了紧固。线路恢复送电后，再次对1564号进行红外测温，发现1564号极Ⅱ大号侧5号子导线连接金具发热缺陷已消除，如图8所示。

图7　停电检修时检查连接螺栓

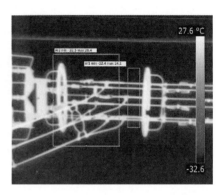

图8　1564号连接螺栓紧固处理后测温图片

5　监督意见及要求

（1）在高温高负荷期间，应加大特高压直流输电线路红外检测力度，及时发现连接金具、耐张线夹等部位发热缺陷。

（2）定期对跳线管形母线螺栓进行紧固处理，确保螺栓扭矩值满足规程要求，避免在运行过程中由于螺栓松动造成异常发热，危及设备安全运行。

报送人员：雷光亮、胡康。
报送单位：湖南省送变电工程公司。

±800kV 输电线路复合绝缘子均压环
松脱导致存在掉串隐患

监督专业：电气设备性能　　　　监督手段：专业巡视
发现环节：运维检修　　　　　　问题来源：设备制造

1 监督依据

Q/GDW 11092—2013《直流架空输电线路运行规程》

2 违反条款

Q/GDW 11092—2013《直流架空输电线路运行规程》第 5.4.4 规定：设备运行状况不符合下述各标准时，应及时处理，复合绝缘子伞裙、护套不应有损坏或龟裂，憎水性符合规程要求；端头密封不应开裂、老化；均压环无损坏，连接金具与护套不应发生位移。

3 案例简介

2011 年 5 月，巡视某±800kV 线路时，发现 2125 号杆塔右相（极Ⅱ）Ⅴ串外侧复合绝缘子护套被歪斜的均压环划伤，现场带电测量护套划伤处深 3.6mm、宽 21.26mm。后根据技术监督人员意见，进行了受损绝缘子更换、均压环处理，设备隐患得到及时整治。

4 案例分析

4.1 缺陷情况

某±800kV 线路运维巡视时发现 2125 号杆塔右相（极Ⅱ）Ⅴ串外侧复合绝缘子护套被歪斜的小均压环防鸟罩划伤（绝缘配置：FXBZ-±800/300 双串），现场带电测量护套划伤深 3.6mm、宽 21.26mm（根据厂家提供信息，该复合绝缘子护套厚度为 6mm），受损情况较为严重，如图 1 所示。

4.2 缺陷原因分析

均压环至松脱是造成均压环内侧割伤端部护套的主要原因。本次损伤的 2125 号杆塔右相（极Ⅱ）复合绝缘子，由于厂家出厂设计的均压环内侧未采用卷边处理，使其松脱后反复磨损复合绝缘子护套，导致护套被划伤。

4.3 缺陷危害

根据国网公司标准缺陷库分类依据及电网设备缺陷管理规定，复合绝缘子伞裙护套破损属严重缺陷，处理时限不超过一个月。复合绝缘子端部伞裙护套起到绝缘和密封作用。

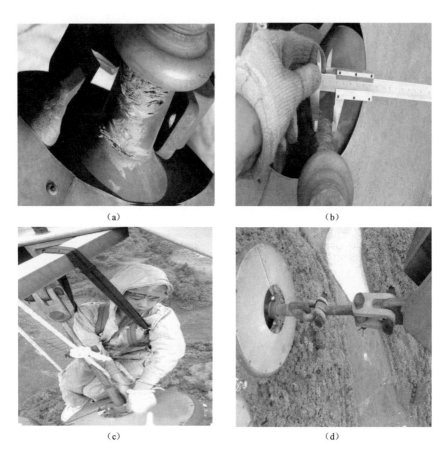

图 1　缺陷情况及处理

(a) 2125 号右相（极Ⅱ）绝缘子护套划伤；(b) 护套划伤情况；
(c) 带电作业将均压环复位及紧固；(d) 紧固复位后 2125 号右相绝缘子均压环

当端部护套被割伤后，受伤程度很难通过肉眼远程分辩，如果伤及芯棒，外界水分子将很容易进入芯棒，造成芯棒受潮，加上空气中的酸雨、酸雾等容易渗入，将造成芯棒腐蚀；且复合绝缘子端部场强较高，恶劣条件下容易出现电晕，电晕产生的 NO、NO_2 等与水分结合产生酸性物质会加速芯棒的腐蚀，并导致芯棒发生脆断，威胁到输电线路的安全稳定运行。

4.4　缺陷处理

自 2010 年 7 月投运以来，运维人员在线路巡视时共发现该线路 7 处复合绝缘子均压环脱落缺陷，其中 2067 号耐张塔跳线使用某厂家生产的复合绝缘子防鸟罩，由于生产工艺的问题（内圈没有卷边）导致均压环脱落后将复合绝缘子护套割破，割痕深 6mm，已伤及复合绝缘子芯棒。通过线路停电检修，更换了受损绝缘子，并对 7 处均压环松动缺陷进行了处理。

5　监督意见及要求

（1）对全线均压环松动情况进行全面排查，并对均压环安装螺栓实施防松改造措施，安装放松垫片或双螺母。

（2）针对已经损伤的复合绝缘子尽快安排更换，防止由于芯棒断裂而发生掉串事故。

（3）生产厂家应优化均压环和防鸟罩生产工艺，均压环和防鸟罩内圈应进行卷边处理。

报送人员：刘正云、李勇、李金戈、熊文欢。

报送单位：湖北省送变电工程公司。

±500kV 输电线路复合绝缘子端部开裂导致密封失效缺陷

监督专业：电气设备性能	监督手段：专业巡视
发现环节：运维检修	问题来源：运维检修

1 监督依据

Q/GDW 11092—2013《直流架空输电线路运行规程》

《国家电网公司十八项电网重大反事故措施（修订版）》（国家电网生〔2012〕352号）

2 违反条款

Q/GDW 11092—2013《直流架空输电线路运行规程》第 5.4.4 规定：设备运行状况不符合下述各标准时，应及时处理，复合绝缘子伞裙、护套不应有损坏或龟裂，憎水性符合规程要求；端头密封不应开裂、老化；均压环无损坏，连接金具与护套不应发生位移。

《国家电网公司十八项电网重大反事故措施（修订版）》（国家电网生〔2012〕352号）第 6.3.2.6 条规定：加强复合绝缘子护套和端部金具连接部位的检查，端部密封破损及护套严重损坏的复合绝缘子应及时更换。

3 案例简介

2015 年 7 月，运维人员发现某±500kV 直流线路 0441、0442、0445 号杆塔复合绝缘子第一片伞裙与芯棒连接处破损。该批复合绝缘子于 2004 年投运，运行 10 年后，部分复合绝缘子出现老化现象。

4 案例分析

该±500kV 直流线路 0441 号杆塔极 I 后串复合绝缘子横担侧第一片伞裙与芯棒连接处破损，如图 1 所示；0442 号杆塔极 I 后串复合绝缘子横担侧第一片伞裙与芯棒连接处破损，如图 2 所示；0445 号杆塔极 I 后串复合绝缘子横担侧第一片伞裙与芯棒连接处破损，如图 3 所示；0445 号杆塔极 II 前串复合绝缘子横担侧第一片伞裙与芯棒连接处破损，如图 4 所示。

该 4 支复合绝缘子伞裙护套与玻璃纤维芯棒连接处已开裂，尤其 0445 号杆塔极 II 前串复合绝缘子伞裙表面已硬化，并出现蚀损现象，可能导致复合绝缘子端部密封失效，在强湿环境下可能造成内部绝缘性能失效，引起接地故障，严重时甚至会导致掉串事故。

图 1　0441 号杆塔极 I 后串复合绝缘子横担侧
第一片伞裙与芯棒连接处破损

图 2　0442 号杆塔极 I 后串复合绝缘子横担侧
第一片伞裙与芯棒连接处破损

图 3　0445 号杆塔极 I 后串复合绝缘子横担侧
第一片伞裙与芯棒连接处破损

图 4　0445 号杆塔极 II 前串复合绝缘子横担侧
第一片伞裙与芯棒连接处破损

由此可见，该绝缘子已不满足《国家电网公司十八项电网重大反事故措施（修订版）》第 6.3.2.6 条和 Q/GDW 11092—2013《直流架空输电线路运行规程》第 5.4.4 规定要求，运维单位应及时对老化绝缘子进行更换。

5　监督意见及要求

（1）按严重缺陷处理的时限要求，尽快更换该线路 0441、0442、0445 号杆塔端部密封受损复合绝缘子。

（2）将该批次复合绝缘子列入下一批次大修技改项目，全部进行更换。

报送人员：王峰、王成、巢亚锋、段建家、岳一石。
报送单位：国网湖南电科院。

±500kV 输电线路因防雷保护角过大导致线路雷击跳闸

监督专业：电气设备性能　　监督手段：故障调查
发现环节：运维检修　　　　问题来源：设备设计

1　监督依据

《国家电网公司十八项电网重大反事故措施（修订版）》（国家电网生〔2012〕352 号）

2　违反条款

《国家电网公司十八项电网重大反事故措施（修订版）》（国家电网生〔2012〕352 号）第 14.2.1 条规定：设计阶段应因地制宜开展防雷设计，除 A 级〔地闪密度小于 0.78 次/（km² · 年）〕雷区外，220kV 及以上线路一般应全线架设双地线，110kV 线路应全线架设地线。地线保护角可参照国家电网公司《架空输电线路差异化防雷工作指导意见》国家电网生〔2011〕500 号选取。

3　案例简介

2012 年 4 月，某 ±500kV 线路极 I 保护动作，一次全压再启动成功。故障巡视发现，2044 号杆塔极 I 绝缘子串（单联 I 串）横担侧第 1～3 片绝缘子表面有明显烧伤痕迹，如图 1 所示。结合雷电定位系统查询结果，确定引起此次跳闸的原因为雷击。

图 1　绝缘子闪络痕迹

4　案例分析

从线路结构来看，2044 号杆塔的塔型为 G4-46.5，防雷保护角约 11.7°，如图 2 所示；从现场地形地貌来看，2044 号杆塔处的海拔约 173m，位于高山半山腰上，如图 3 所示；从雷区分布图等级来看，2044 号杆塔处于 D1 级雷区。根据《架空输电线路差异化防雷工作指导意见》要求，对于 500kV 及以上重要输电线路防雷保护角应小于 5°，2044 号杆塔极 I 防雷保护角约 11.7°，故该线路防雷设计不满足《国家电网公司十八项电网重大反事故措施（修订版）》第 14.2.1 规定。

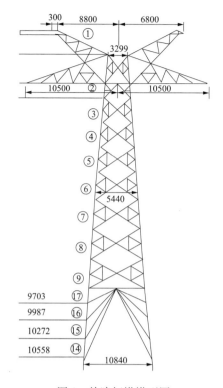

图 2 故障杆塔塔型图

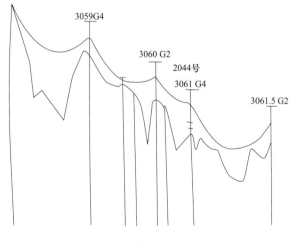

图 3 故障杆塔断面图

5 监督意见及要求

（1）在设计阶段：重要线路应沿全线架设双地线，地线保护角一般按《架空输电线路差异化防雷工作指导意见》要求选取。

（2）在运维阶段：在架空输电线路易绕击地形区段采取相应防雷措施，如对地形边坡效应明显、架空地线保护角大的杆塔加装线路避雷器等防雷措施。

报送人员：陈俊、熊杰、胡军、彭详、胡乃锋、王峰。
报送单位：湖南省电网工程公司。

±500kV 输电线路避雷器底座绝缘劣化导致避雷器计数器不动作

监督专业：电气设备性能　　　　监督手段：例行试验
发现环节：运维检修　　　　　　问题来源：设备制造

1 监督依据

Q/GDW 1168—2013《输变电设备状态检修试验规程》

2 违反条款

Q/GDW 1168—2013《输变电设备状态检修试验规程》表 90 中规定，直流避雷器底座绝缘电阻≥100MΩ。

3 案例简介

某±500kV 直流输电线路用复合外套带串联间隙金属氧化物避雷器（简称直流避雷器）自 2012 年开始挂网试运行，截至 2016 年已安装 145 套。在 2013、2014 年直流避雷器运行过程中，大部分避雷器计数器读数不变，与当年度落雷密度等数据不相符。初步判断原因是避雷器绝缘底座电阻偏小而导致计数器不动作。2015 年 3 月，结合线路停电检修，从 2014 年安装的 94 支避雷器中抽选 13 支进行底座绝缘测试，发现其中 6 基绝缘电阻小于 100MΩ，不满足±500kV 直流避雷器运行要求。

4 案例分析

4.1 检测情况

±500kV 直流避雷器基座抽检试验记录表如表 1 所示。

表 1　　　　　　　　　　±500kV 直流避雷器基座抽检试验记录表

序号	运行杆号	杆塔类型	基座绝缘电阻检测值（MΩ）	检测时间	投运时间	结果
1	1818	耐张	26.4	2015 - 4 - 3	2014 年	不合格
2	1829	直线	391	2015 - 4 - 3	2014 年	合格
3	1899	直线	11.2	2015 - 4 - 3	2014 年	不合格
4	1984	耐张	142	2015 - 4 - 3	2014 年	合格
5	2029	耐张	640	2015 - 4 - 3	2014 年	合格

序号	运行杆号	杆塔类型	基座绝缘电阻检测值（MΩ）	检测时间	投运时间	结果
6	2184	耐张	22	2015 - 4 - 3	2014 年	不合格
7	2198	直线	0.6	2015 - 4 - 3	2014 年	不合格
8	2236	耐张	3470	2015 - 4 - 3	2014 年	合格
9	2247	耐张	≥1000	2015 - 4 - 3	2014 年	合格
10	2303	直线	≤10	2015 - 4 - 3	2014 年	不合格
11	2305	直线	≤10	2015 - 4 - 3	2014 年	不合格
12	2306	耐张	610	2015 - 4 - 3	2014 年	合格
13	2289	耐张	3390	2015 - 4 - 3	2015 年	合格

图 1　直流线路避雷器
底座绝缘劣化情况

由表 1 可知，该直流线路 1818、1899、2184、2198、2303、2305 号 6 基杆塔直流线路避雷器底座绝缘电阻小于 100MΩ，不满足试验规程要求。避雷器底座绝缘劣化情况见图 1。

4.2　诊断分析

通过对现场检测样本的逐一检测分析，认为导致避雷器底座性能劣化的原因有：

（1）±500kV 直流线路避雷器绝缘底座在长期风压振动、淋雨等运行工况下容易发生瓷件破损。

（2）避雷器底座长时间在积污、积水等工况下易诱发绝缘性能下降等问题，导致放电计数器不能准确记录避雷器动作次数。

（3）避雷器底座整体机械性能不强，导致在安装过程中易损坏。

4.3　处理情况

针对以上问题，将避雷器底座改为整体式设计。参照变电站用避雷器底座及复合外套支柱绝缘子结构进行了重新设计，将原有的 4 个小绝缘底座改为 1 个大绝缘底座。整体式底座便于安装，间隙大，瓷绝缘效果好，相当于 1 个瓷支柱绝缘子，不会出现积污、积水，绝缘性能较好，使用寿命长，具体设计见图 2。通过计算，该设计绝缘底座电阻满足规程要求，绝缘电阻计算公式为

$$R = \rho l / S \tag{1}$$

式中　R——绝缘电阻，Ω；

　　　ρ——体积电阻率，Ω·m；

　　　l——物体的长度，m；

　　　S——物体的截面积，m^2。

本绝缘底座芯棒材料 $\rho > 1.0 \times 10^{10} \Omega \cdot m$，$l = 50 \times 10^{-3} m$，$S = 3.14 \times (50 \times 10^{-3})^2 = 7.85 \times 10^{-3} m^2$，因此计算可知，$R > 63\ 694 MΩ$，满足避雷器底座绝缘电阻大于 100MΩ 的要求。

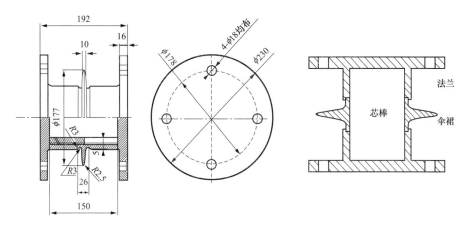

图 2　避雷器底座改进设计图

5　监督意见及要求

（1）新技术、新设备研制、生产和应用过程中要加强检测和试验，及时发现设备设计、工艺材料等方面存在的问题，及时采取措施进行改进。

（2）在线路巡视过程中，应加强对线路避雷器等防雷辅助设施的检查检测，加强各类缺陷隐患的诊断分析及处理。

（3）避雷器竣工验收时，应严格按照交接试验标准进行试验和验收，确保避雷器"零缺陷"投运。

报送人员：彭晓亮、陈俊、刘安长。
报送单位：湖南省电网工程公司。

±500kV 输电线路规划设计不当
导致线路冰闪跳闸

监督专业：电气设备性能　　　监督手段：故障调查
发现环节：运维检修　　　　　问题来源：规划设计

1　监督依据

DL/T 5440—2009《重覆冰架空输电线路设计技术规程》

《国家电网公司十八项电网重大反事故措施（修订版）》（国家电网生〔2012〕352 号）

2　违反条款

DL/T 5440—2009《重覆冰架空输电线路设计技术规程》第 5.0.2 条规定：线路路径应尽量避开调查确定的覆冰严重区段和污秽较重区域。

《国家电网公司十八项电网重大反事故措施（修订版）》（国家电网生〔2012〕352 号）第 6.5.1.1 规定：线路路径选择应以冰区分布图为依据，宜避开重冰区。

3　案例简介

2011 年 1 月，某 ±500kV 线路极 Ⅱ 保护动作，一次全压再启动成功。故障巡视发现，故障杆塔为 1763 号塔，故障原因为冰闪跳闸，极 Ⅱ 绝缘子串有闪络痕迹，绝缘子挂点处有放电痕迹，如图 1～图 3 所示。

图 1　铁塔闪络点

图 2　伞群闪络痕迹

图 3　均压环闪络点

4　案例分析

该故障塔位设计是按Ⅱ级冰区进行抗冰设计，现场实际调查发现铁塔位于风道迎风坡、垭口，易遭受寒冷空气袭击，铁塔实际处于Ⅲ级重覆冰微气象区，冬季覆冰严重，冰冻类型为雨凇，设计不符合《国家电网公司十八项电网重大反事故措施（修订版）》第 6.5.1.1 规定。

故障铁塔所在区域设计采用的是 b 级污区等级，现场污秽测量盐密取样试验结果：0.105mg/m²，灰密取样试验结果：0.137mg/m²，实际污秽等级已经达 d 级，不符合 DL/T 5440—2009《重覆冰架空输电线路设计技术规程》第 5.0.2 条规定。

5　监督意见及要求

（1）在设计阶段，进行线路路径选择时，应尽量避开覆冰严重区段、污秽较重区段以及风口、峡谷等微地形区域，减少投运后对线路运行影响。如的确难以避开，应采用插花、V 形和倒 V 形绝缘子串，也可采用大小伞伞形绝缘子，接地端加装大盘径绝缘子等措施提高绝缘子串的覆（融）冰闪络电压，降低绝缘子覆（融）冰闪络概率。

（2）在运行阶段，应定期按照最新冰区图对线路外绝缘进行校核。对重冰区外绝缘不满足防冰要求的线路进行防冰闪改造，提高绝缘子防冰闪能力。

报送人员：陈俊、彭详、胡乃锋、胡军、熊杰、王峰。
报送单位：湖南省电网工程公司。

±500kV 输电线路因架空地线锈蚀导致断线故障

监督专业：金属	监督手段：故障调查
发现环节：运维检修	问题来源：运维检修

1 监督依据

Q/GDW 11092—2013《直流架空输电线路运行规程》

2 违反条款

Q/GDW 11092—2013《直流架空输电线路运行规程》第 5.3.2 条规定：导、地线表面不应出现腐蚀、断骨或呈疲劳状态，否则应取样进行强度试验。若试验值小于额定破断拉力的 80%，应换线。

3 案例简介

2014 年 9 月，某 ±500kV 直流线路极 II 保护动作，一次全压再启动不成功，降压再启动成功，降压至 350kV 运行。故障巡视发现 008～009 号杆塔右侧架空地线断裂脱落至地面，经分析认为，架空地线由于锈蚀严重导致断线。该线路投运时间为 1989 年，该地段架空地线型号为 GJ-70 镀锌钢绞线。

图 1　架空地线断裂落至地面

4 案例分析

4.1 现场检查与处理

运维人员故障巡视发现该线路 008～009 号杆塔右侧架空地线断裂脱落至地面，如图 1 所示。巡查故障测距附件区段，未见其他异常，确定此处为故障点。

调查故障点周围环境和故障时刻天气情况，发现：008～009 号杆塔段地形为爬坡，断裂位置为从小号往大号第 5～6 个间隔棒之间，位于洼地，如图 2 所示。现场周边农户反映，故障当时线路下方风速较大，左右两极架空地线摆动幅度较大。根据湖北省气象和环保部门的酸雨监测结果，故障区段酸雨情况严重。另外，根据湖北电网污区分布图

（2014版），故障区段位于 d 级污区。

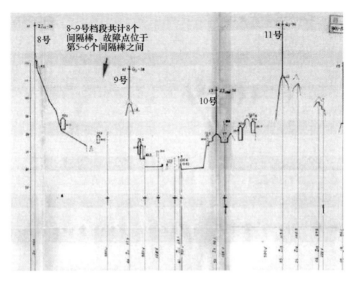

图 2　地形示意图及断线位置示意图

4.2　故障原因分析

（1）综合考虑故障区段的地理特征、气候特征、故障期间的现场微气象情况等，结合雷电监测系统、故障录波信息、闪络点痕迹等，排除线路发生其他故障的可能性，可确定故障根本原因是地线锈蚀严重，在强风特殊气象条件下引起地线断裂。

（2）地线断口位于 008～009 号杆塔段右架空地线档距中央。GJ-70 地线共有钢芯 19 根，其中内层 1 根、中层 6 根、外层 12 根。外层 12 根钢芯均已断开，仅残留内层和中层共 7 根钢芯。断口均有部分颈缩现象，断开位置离最终断线处距离不等，分布在 0.1～2m 之间，且断口锈蚀严重，判断为本次断线之前已锈断。本次断开的 7 根钢芯中，除最内层一根表面无锈蚀情况以外，其余 6 根表面均呈现不同程度锈蚀情况，如图 3 所示。断口处残留的外层钢芯锈蚀严重，锈蚀严重处直径不足原直径的 40%，估算地线实际拉断力只有设计值的 30.5% 左右，不满足 Q/GDW 11092—2013《直流架空输电线路运行规程》第 5.3.2 条规定。

图 3　地线断口处锈蚀情况

（3）本次地线断线根本原因为地线锈蚀。由于地线运行长达 25 年，且位于酸雨严重的污染地区，导致锈蚀严重，机械性能严重下降，加之风的作用导致地线断裂。地线断裂后在坠落过程中与极Ⅱ导线空气间隙小于安全距离，造成该直流线路极Ⅱ闭锁，全压再启动不成功。

5　监督意见及要求

（1）污染和酸雨是造成地线锈蚀严重的主要原因。因此，对于锈蚀较严重的老旧线路，应加强专项巡查，重点检查特殊气象区、微地形区的导地线有无断股、抛股等情况。

（2）开展线路专项巡视时，宜采用望远镜、金属探伤检测设备及无人机等装备协助巡查，以提高线路巡检效果和效率，发现问题和异常及时处理。

报送人员：董晓虎、龙飞、胡川、雷成华。
报送单位：国网湖北检修公司。

500kV 输电线路耐张线夹液压工艺不合格导致线路跳闸

监督专业：金属　　　　　　　　监督手段：故障调查
发现环节：运维检修　　　　　　　问题来源：设备安装

1　监督依据

DL/T 5285—2013《输变电工程架空导线及地线液压压接工艺规程》

2　违反条款

DL/T 5285—2013《输变电工程架空导线及地线液压压接工艺规程》第 7.0.5 条规定压接管压后对边距 S 的允许值按式 $S = 0.866kD + 0.2$ 选取，其中 D 为压接管外径，k 为压接管六边形的压接系数。

3　案例简介

2012 年 1 月，某 500kV 线路覆冰，B 相跳闸。经现场检查，该线路 063 号杆塔小号侧 B 相 1 号子导线从耐张线夹处断裂，如图 1 和图 2 所示。现场测量覆冰厚度 34mm，折算成标准覆冰厚度 13.5mm，该段设计覆冰厚度 30mm，覆冰厚度未超过设计标准。

图 1　断裂的线夹

图 2　脱落的线夹钢锚

该线路导线型号为 4×JLHA1/G1A-630/45，导线耐张管型号为 NY-630/45H（A，B）。

4　案例分析

4.1　试验检测

（1）外观检查。该耐张线夹的铝套管设计长度为 570mm，外径设计值为 65mm（正偏差 1mm），但实测长度值为 608mm，超出设计尺寸较多，同时铝套管存在一定的弯曲，如图 3 所示。耐张线夹钢管部分的长度设计值为 120mm，实际测量长度值 166mm，钢锚凹槽深度为 1.5mm，同时钢管液压部分存在飞边、钢管弯曲现象，如图 4 所示。

图 3　耐张线夹的铝套管形貌

图 4　耐张线夹的钢管液压部分形貌

（2）对边距测量。依据 DL/T 5285—2013《输变电工程架空导线及地线液压压接工艺规程》要求，耐张线夹对边距 S 的尺寸最大允许值为：$S = 0.866 \times (0.993D) + 0.2mm$，$D$ 为铝套管液压前的直径。对铝套管的六个液压面进行测量，靠近横担端压接区对边距 $S_1 = 56.72mm$、$S_2 = 56.80mm$、$S_3 = 56.90mm$，靠近导线端压接区对边距 $S_1 = 56.00mm$、$S_2 = 56.40mm$、$S_3 = 56.20mm$。其中铝套管液压前的直径为 65.3mm，因此其最大允许 S 值为 56.4mm，靠近横担端压接区三组对边距均超出最大对边距；进一步对比断裂耐张线夹钢锚与其他同型号线夹钢锚的对边距，该线夹钢锚对边距比其他同类型钢锚对边距偏小 1.3mm 左右。导线线夹钢管的设计直径为 20mm，初步计算该线夹钢管的压缩比为 29.0%，而其余同型号线夹钢锚的压缩比只有 15.9%～17.4%。

（3）射线检查。对该耐张线夹进行了射线检测，断裂线夹的射线检测底片显示液压位置存在问题，如图 5 所示。线夹解剖结果与射线检测结果一致，钢锚 3 个凹槽有 2 个未被液压，压接工艺不合格欠压明显，如图 6 所示。

图 5　断裂耐张线夹射线检测

图 6　断裂耐张线夹结构解剖

（4）钢锚成分分析。对该线夹钢锚（Q235A）的成分进行了分析，如表 1 所示。GB/T 700—2006《碳素结构钢》规定 Q235A 材料的碳含量不大于 0.22%，故钢锚成分满足标准要求。

表 1　　　　　　　　　　　　　　　线夹钢锚成分

元素	C	S	P	Si	Mn
标准	≤0.22	0.050	≤0.045	≤0.35	≤1.40
断裂线夹	0.15	0.028	0.029	0.12	0.45

（5）钢锚硬度检测。对该线夹钢锚的硬度进行了检测，其硬度值为 155HB，满足 DL/T 757—2009《耐张线夹》要求。

（6）线夹套管拉力试验。对线夹铝套管取样进行拉伸试验，依据 DL/T 757—2009《耐张线夹》，压缩型耐张线夹铝合金管抗拉强度不应低于 160MPa，而试样的强度为 134MPa，低于标准要求。

（7）导线试验。对断裂线夹钢芯断口附近钢丝拉力检测，7 根钢丝的抗拉强度在 1516～1602MPa 之间，依据 GB/T 3428—2012《架空绞线用镀锌钢线》及 GB/T 1179—2008《圆线同心绞架空导线》，G1A 型号镀锌钢线绞后的抗拉强度不得低于 1244MPa，满足标准要求。进一步检查 5 号钢芯断口，断口附近无焊接和切割损伤痕迹，断口可见塑性变形，如图 7 所示。

图 7　导线钢芯断口形貌

（8）062～063 号杆塔导线力学计算。为分析 062～063 孤立档导线受力状况，采用有限单元法对不同工况下的导线力学性能进行计算。温度 9℃，导线弧垂 5.27m，建立导线有限元模型如图 8 所示，导线拉力云图如图 9 所示。

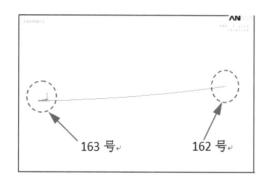

图 8　导线有限元计算模型

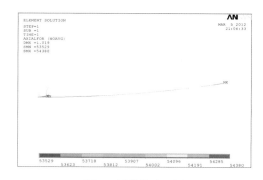

图 9　导线拉力云图

孤立档参数和导线参数分别如表 2 和表 3 所示。对三种工况下 163 号杆塔耐张线夹握力进行了计算，结果如表 4 所示，耐张线夹握力荷载随着覆冰厚度增大而增大，在断裂时，线夹握力为 53.53kN，为设计工况下握力的 64.2%。

表 2　　　　　　　　　　　　　　　孤 立 档 参 数

运行塔号	施工桩号	杆塔型号	桩顶高程（m）	定位高差（m）	档距（m）
162	4GN3	5JB136-33	1228.40	−6.00	255
163	4GN4	5JB136-33	1205.80	−4.50	

表 3　　　　　　　　　　　　　　　导 线 参 数

名称	牌号	外径（mm）	截面积（mm²）	单位质量（kg/km）	弹性模量（MPa）	线膨胀系数（10⁻⁶/℃）	标称拉断力（kN）
导线	JLHA1/G1A-630/45	33.60	666.55	2057.60	63 000	20.90	245.52

31

表 4	不同工况下 163 号杆塔耐张线夹握力表		
名称	温度 10℃，无覆冰	温度 -4℃，覆冰厚度 13.5mm	温度 -5℃，覆冰厚度 30mm
线夹握力（kN）	30.98	53.53	83.44

4.2 原因分析

JLHA1/GIA-630/45 型导线的钢比很小，仅为 7%，导致导线铝股部分要承受大部分导线破断力。依据 GB/T 3428—2012《架空绞线用镀锌钢线》和 GB/T 23308—2009《架空绞线用铝-镁-硅系合金圆线》，2.8mm 直径的 G1A 型镀锌钢线 1% 伸长时的应力为 1140MPa，而 4.2mm 直径的 LHA1 型铝合金圆线的抗拉强度为 315MPa，钢芯和铝股的截面积分别为 43.10mm² 和 623.45mm²，计算钢芯和铝股破断力分别占总破断力的 20.02% 和 79.98%，见表 5。

当 NY-630/45H（A，B）线夹压接好导线挂线运行时，对于如图 10 所示的线夹压接示意图中 N-N 间钢锚压接区部位，其导线铝股已被剥掉，铝股所承担的拉力已被线夹的铝套管替代，因此，图 10 中的 4 号压接区（即靠钢锚 U 型环侧的压接区）非常重要，其压接定位准确与否和压接质量的好坏直接关系到铝套管能否替代导线铝股承担 79.98% 的破断力。

表 5		JLHA1/GIA-630/45 型导线钢、铝股的承力比						
标称面积 铝/钢（mm²）	钢比	根数/直径（mm）		计算截面积（mm²）		计算破断力（kN）	铝股占（%）	钢芯占（%）
		铝	钢	铝	钢			
630/45	7	45/4.20	7/2.80	623.45	43.10	245.52	79.98	20.02

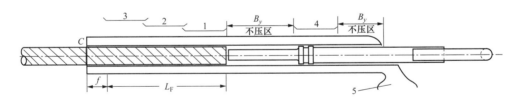

图 10　线夹压接示意图

根据线夹对边距测量结果，线夹靠钢锚 U 型环侧压接区的对边距均大于最大允许值 56.3mm。同时，线夹射线检测和结构解剖结果表明，靠钢锚 U 型环侧压接区的液压定位错误，3 个钢锚凹槽有 2 个凹槽未被压接。

另外，钢锚对边距检测发现，线夹钢管液压部分的对边距偏小 1.3mm 左右，压缩比高达 29.0%，说明其钢管液压过度，可能对内部高碳钢线的承载能力造成损伤。现场取两根导线进行试验，型号为 JLHA1/GIA-630/45，导线两端选用标准耐张线夹，型号为 NY-630/45，钢锚钢管外径为 18mm。对该导线钢芯一端正常液压，选用的钢模为 G18，另一端过压，选用的钢模为 G16，如图 11 所示。压接后进行对边距测量，测量数据见表 6，发现 G16 钢模压接的对边距比 G18 钢模的少。然后进行拉伸试验，见图 12，在相同的荷载下，G16 钢锚压接端断裂，断口在钢管内，而 G18 钢锚压接端未断，试验结果见表 7。验证了液压过度会对钢芯的力学性能造成损伤。

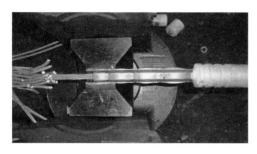
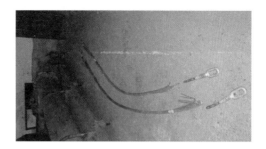

图 11 现场模拟试验（压接）　　　图 12 现场模拟试验（拉伸）

表 6　　　　　　　　　　　模拟试验压接后的对边距数据

导线编号	G18 模液压后的对边距（mm）	G16 模液压后的对边距（mm）
1	15.56，15.46，15.36	14.22，14.80，14.40
2	15.36，15.60，15.56	14.62，14.60，14.90
最大允许值（mm）	15.68	

表 7　　　　　　　　　　　模拟试验压接后的拉伸结果

导线编号	试验拉力（kN）	断口部位
1	68	导线钢芯断裂，断口在 G16 模液压侧钢管内，距离端口 21.7mm
2	74	导线钢芯断裂，断口在 G16 模液压侧钢管内，距离端口 14.2mm

由此，可以判断线夹的断裂原因为靠钢锚 U 型环侧液压定位不准，钢锚 3 个凹槽中的 2 个未被液压，同时液压工艺控制不良，该区域的对边距大于最大允许值，致使铝套管没能良好的与钢锚压合，将铝套管应承担的拉力部分转移至钢锚与导线钢芯的压接部位。在温度 −4℃、覆冰厚度 13.5mm 的工况下，导线所受拉力为 53.53kN，而钢芯的计算破断力为 49.1kN。再加上钢锚在液压时压缩比过大，其内部钢芯的承载能力受到一定的损伤，随着导线覆冰增加，导致钢芯断裂，整个钢锚被拔出，造成引流板与铝套管的焊接部位断裂。

5　监督意见及要求

加强基建工程耐张线夹压接工艺技术监督工作，确保压接质量符合标准要求。

报送人员：欧阳克俭、刘纯、胡加瑞。
报送单位：国网湖南电科院。

500kV 输电线路因感应电问题导致线路纠纷

监督专业：节能与环境保护	监督手段：专业巡视
发现环节：运维检修	问题来源：设备设计

1 监督依据

国际非电离辐射防护委员会（ICNIRP）《限制交流电场、磁场和电磁场（300GHz 以下）的影响导则》

2 违反条款

国际非电离辐射防护委员会（ICNIRP）发布的《限制交流电场、磁场和电磁场（300GHz 以下）的影响导则》规定，电流密度的基本限值：对职业人员为 $10mA/m^2$，对公众为 $2mA/m^2$。

3 案例简介

2014 年 1 月，某户主反映某 500kV 线路附近民屋感应电强烈。涉事民房为三层平顶砖房，距 500kV 线（620～621 杆塔段）水平约 14m。据户主反映，每当人体触碰屋内楼梯扶手、自来水管等金属物体时都有强烈的触电感觉，接触房屋墙壁也有轻微发麻的感觉。相关单位对房屋的工频电磁场及暂态电击问题进行了现场测试，并根据测试结果对房屋进行了防感应电整改。

4 案例分析

线路设计满足 GB 50545—2010《110kV～750kV 架空输电线路设计规范》的要求，工频电磁场现场测试结果表明，该民房工频电场强度、工频磁感应强度均未超过 GB 8702—2014《电磁环境控制限值》的要求。对该民房的暂态电击强度做了进一步测试，房屋结构示意图如图 1 所示，暂态电击强度检测的原理示意图如图 2 所示，民房感应电压分析模型如图 3 所示。

（1）检测结果。房屋工频电磁场监测结果如表 1 所示，暂态电击试验结果如表 2 所示。

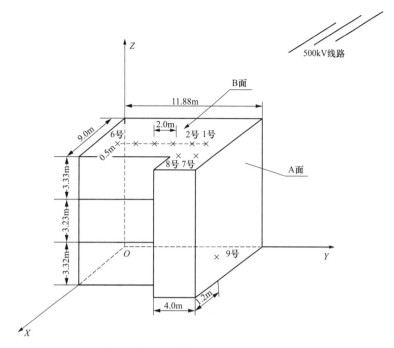

图 1　某 500kV 线临近民房结构示意图

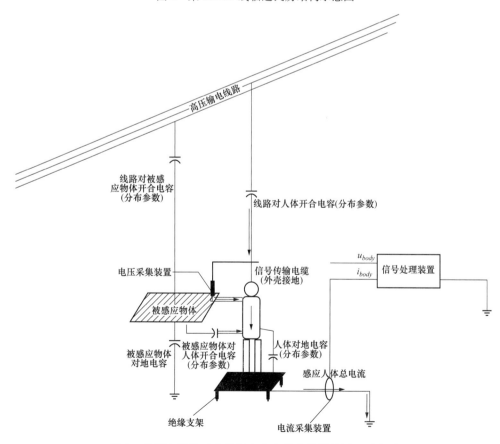

图 2　典型金属物对人体暂态电击强度检测的原理示意图

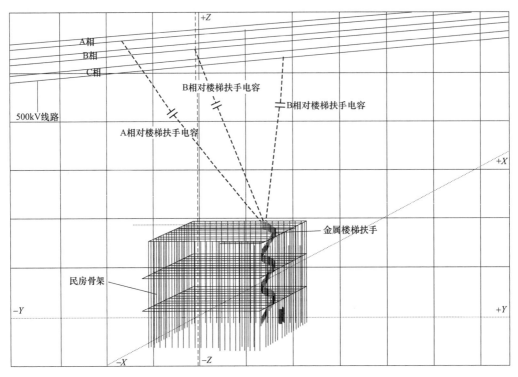

图 3 民房感应电压分析模型

表 1

监　测　结　果

监测点位	电场强度 E（V/m）	磁感应强度 B（nT）
1	3443	2266
2	2972	2049
3	2766	1899
4	2566	1771
5	2404	1608
6	2369	1526
7	3681	2279
8	3374	2169
9	28.95	1350

表 2

暂态电击试验结果统计

特征参数	空载感应电压（V）	稳态感应电压（V）	稳态感应电流（mA）	暂态感应电流（mA）	放电频次/20ms（次）	放电能量/40ms（mJ）	人体感受描述
金属楼梯扶手	80	20～40	约 0.40	355	20～52	约 1.04	接触瞬间有较强的电击感觉，保持稳定接触后仍有较轻的刺痛感

特征参数	空载感应电压（V）	稳态感应电压（V）	稳态感应电流（mA）	暂态感应电流（mA）	放电频次/20ms（次）	放电能量/40ms（mJ）	人体感受描述
内墙	148	10	0.10～0.40	1004	4	约0.12	接触瞬间有较轻微的电击感觉，保持稳定接触后电击感觉消失

（2）现场照片。现场测试照片如图4所示。

（a）

（b）

图4　现场测试照片

（a）工频电磁场测试现场照片；（b）人体暂态电击强度测试现场照片

（3）原因分析。根据表1所示房屋内外工频电磁场监测结果，各监测点位工频电场强度符合4kV/m的限值标准。但根据表2暂态电击强度测试结果，金属楼梯扶手的感应电较强，导致人体接触时产生较强的不适感。通过民房感应电压分析模型仿真计算，计算结果表明由于民房内金属楼梯扶手、自来水管等金属物体的总长度较长，虽线路距民房水平距离达14m，但线路与民房内金属物体仍产生了较强的静电耦合，从电路角度分析，即线路与民房内金属物体之间的耦合电容较大；此外，民房墙体电阻率大、地基接地不良，导致墙体的屏蔽效果很弱。两方面原因组合起来导致屋内楼梯扶手等金属物体产生了较高的感应电压，人体接触这些金属物件后，电荷瞬间通过人体释放至零电位的大地，即对人体产生了暂态电击。经测试计算，流经人体的暂态电击电流超过《限制交流电场、磁场和电磁场（300GHz以下）的影响导则》规定的电流密度。

（4）整改措施。对民房A、D面涂覆感应电防治材料，并将墙体表面接地。整改后的验收监测数据见表3。

表3　　　　　　　　　　　　整改前后试验数据对比

特征参数	金属楼梯扶手		内墙	
	涂刷功能材料前	涂刷功能材料后	涂刷功能材料前	涂刷功能材料后
空载感应电压（V）	80	0.4	148	1
稳态感应电压（V）	20～40	0.4	10	1

特征参数	金属楼梯扶手		内　墙	
	涂刷功能材料前	涂刷功能材料后	涂刷功能材料前	涂刷功能材料后
稳态感应电流（mA）	0.4	−0.2	0.1～0.4	−0.16
暂态感应电流（mA）	355	无明显暂态电击电流	1004	无明显暂态电击电流
放电频次/20ms（次）	20～52	0	4	0
放电能量/40ms（mJ）	约 1.044 58	$0.694\ 77\times10^{-3}$	约 0.119 38	$3.066\ 45\times10^{-3}$
人体感受描述	接触瞬间有较强的电击感觉，保持稳定接触后仍有较轻的刺痛感	无电击感觉	接触瞬间有较轻微的电击感觉，保持稳定接触后电击感觉消失	无电击感觉
备注	空载感应电压：是指人体不接触楼梯扶手时，楼梯扶手上的感应电压； 稳态感应电压：是指人体接触楼梯扶手稳定后，接触点处的感应电压； 稳态感应电流：是指人体接触楼梯扶手稳定后，流经人体的电流； 暂态感应电流：是指人体接触楼梯扶手瞬间，流经人体的电流			

整改后的民房照片如图 5 所示。

图 5　整改后民房照片

5　监督意见及要求

（1）临近线路民房感应电纠纷事件，多发生在 500kV 级及以上线路走廊附近，以上地点工频电磁场强度值较大，人体暂态电击现象普遍存在。为减小感应电对人体的影响，首先考虑保持线路与房屋足够的净空距离，以减小工频电磁场强度值和感应电的影响，其次考虑必要的感应电处理措施。

（2）线路竣工验收时，应加强线路保护区线下净空距离较小地方的工频电磁场测量。

（3）线路运维单位应及时收集沿线居民意见，开展必要检测，根据测试结果采取相应措施。

报送人员：陶莉、吕建红、黄韬、阳金纯、邹妍晖。
报送单位：国网湖南电科院。

500kV输电线路因设计考虑不周导致线路工频电场超标

监督专业：节能与环境保护　　监督手段：专业巡视
发现环节：运维检修　　　　　问题来源：设备设计

1　监督依据

GB 8702—2014《电磁环境控制限值》

2　违反条款

GB 8702—2014《电磁环境控制限值》第 4.1 节规定：50Hz（工频）电场强度公众暴露控制限值为 4000V/m（4kV/m）、50Hz（工频）磁感应强度公众暴露控制限值为 $100\mu T$（100 000nT）。

3　案例简介

某户主反映某 500kV 线路附近房屋感应电强烈，楼上不能与金属接触、不能打伞，担心对身体健康造成影响，要求拆除房屋，重新进行安置。现场工频电磁场测试发现，该户主住房楼顶多处工频电场测试结果超过 4000V/m，环保不达标。经计算分析，判断因房屋导致电场畸变，造成工频电场测试值超标。

4　案例分析

某 500kV 线路 1995 年 12 月投运，该户主房屋位于该 500kV 线路 274～275 号档段右相第 3 个间隔棒外。线路边导线距厨房（一层，属拆迁对象，但户主未拆）墙体最近点水平距离为 4.1m，距主房（二层）滴水线最近点水平距离为 16m；边导线与厨房最近点净空距离为 18.9m，与主房最近点净空距离为 23m；导线对地净空距离为 22.6m。

线路设计满足 GB 50545—2010《110kV～750kV 架空输电线路设计规范》要求。工频电磁场测试结果表明，房顶工频电场强度超过 GB 8702—2014《电磁环境控制限值》的规定，监测布点如图 1 所示，监测结果如表 1 所示，房屋与线路位置关系的现场照片如图 2 所示。

表 1　　　　　　　　　工频电磁场监测结果

测点	工频电场（V/m）	工频磁场（nT）	测点	工频电场（V/m）	工频磁场（nT）
1	793.8	2967	3	5570	4530
2	284.2	1984	4	2373	3834

测点	工频电场（V/m）	工频磁场（nT）	测点	工频电场（V/m）	工频磁场（nT）
5	6503	4614	8	6932	4379
6	3325	4052	9	15.25	3491
7	6600	3664	10	26.85	3375

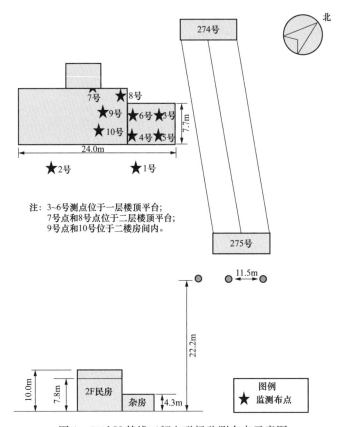

图1　500kV某线工频电磁场监测布点示意图

图2　房屋与线路位置关系图

通过对线路、房屋三维建模，添加电压和电流激励，计算线路工频电场，垂直于线路方向的工频电场分布如图3所示。

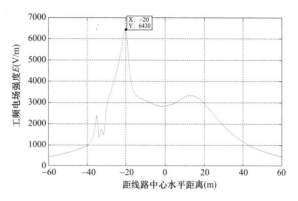

图 3 邻房 15m 距离时 500kV 线路工频电场分布

从图3可知，线路临近房屋时，电场发生了畸变；当临房15m时，房屋顶上工频电场最大值为6447V/m，计算结果与实测结果基本吻合。

线路设计虽然满足线路设计规程要求，但是线路在临近房屋时，工频电场分布规律发生了变化，工频电场发生了畸变，且在距边导线水平距离约15m左右畸变达到最大程度，导致工频电场变大而超过国家标准限值，工频电场值越大，线路的感应电影响越大。综上所述，建议拆迁该栋房屋。

5 监督意见及要求

（1）线路在跨越或临近房屋时，除应满足线路设计规程规定的距离，还应满足环保标准要求，应通过理论计算指导线路设计和施工，防止出现环保纠纷。

（2）线路竣工验收时，应开展线路保护区线下净空距离较小处工频电磁场的测量。

报送人员：吕建红、阳金纯、周建飞、邹妍晖。
报送单位：国网湖南电科院。

500kV 输电线路因复合绝缘子质量问题导致发热异常

监督专业：电气设备性能	监督手段：诊断试验
发现环节：运维检修	问题来源：设备制造

1 监督依据

DL/T 664—2008《带电设备红外诊断应用规范》

2 违反条款

DL/T 664—2008《带电设备红外诊断应用规范》第 10 章规定：电压致热型设备的缺陷一般定义为严重及以上的缺陷。表 B.1 电压致热设备缺陷规定：复合绝缘子温差为 0.5～1K 判断为严重及以上缺陷。

3 案例简介

2014 年 11 月，对某 500kV 线路开展直升机巡检时，发现 391、395 号两基杆塔复合绝缘子存在局部发热现象。经解剖分析，发现绝缘子护套和芯棒上出现白色放电烧灼点。绝缘子长期放电将会导致芯棒裂化，最终将引发掉串故障，必须立即进行更换处理。

4 案例分析

4.1 现场红外检测情况

通过直升机巡检，发现 391、395 号两基杆塔复合绝缘子存在局部发热现象，检测结果如表 1 所示。运维人员随后进行复测，确认了该复合绝缘子存在局部发热缺陷，红外热像图如图 1～图 3 所示。

表 1　　　　直升机红外检测某 500kV 线路复合绝缘子结果

序号	杆塔号	红 外 测 温 情 况
1	395	左导线靠导线端绝缘子发热，发热点温度 21.5℃； 正常点温度 17.2℃，偏高 4.3℃
2	395	右导线靠导线端绝缘子发热，发热点温度 21.4℃； 正常点温度 17.3℃，偏高 4.1℃
3	391	右导线靠导线端绝缘子发热，发热点温度 28.1℃； 正常点温度 19.1℃，偏高 9℃

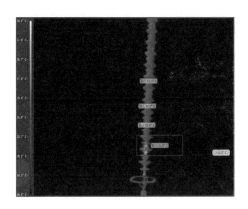

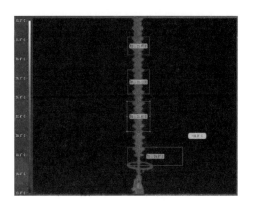

图 1　395 杆塔左串复合
绝缘子红外热像图

图 2　395 杆塔右串复合
绝缘子红外热像图

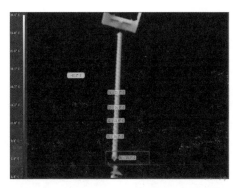

图 3　391 杆塔右串复合绝缘子红外热像图

4.2　试验检测

取该 500kV 线路复合绝缘子 3 支，在试验室进行诊断性试验，通过施加 288kV 电压 1h，用红外热像仪监视测复合绝缘子的温度变化：395 号杆塔左串复合绝缘子发热曲线，约每 10min 上升 4℃，1h 后基本稳定；395 号杆塔右串复合绝缘子发热温度曲线，1h 内温度基本不变，上下波动约 2℃；391 号杆塔右串复合绝缘子发热温度曲线，前 15min 上升较快，15～60min 内基本稳定，温度曲线如图 4～图 6 所示。

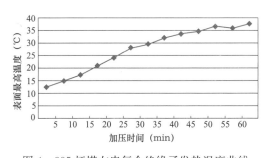

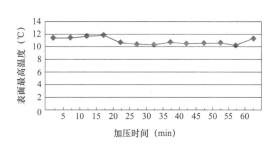

图 4　395 杆塔左串复合绝缘子发热温度曲线　　　图 5　395 杆塔右串复合绝缘子发热温度曲线

图 7～图 9 分别为 395 杆塔左串复合绝缘子试验开始和加压 1h 的红外热像图。图 8

清楚可见复合绝缘子从下端数起第 4 大裙发热最高。图 9 为 391 杆塔右串复合绝缘子试验加压 1h 的红外热像图。该绝缘子发热部位为最下端芯棒与第 1 裙之间。

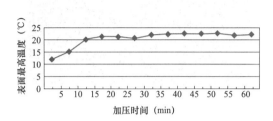

图 6　391 杆塔右串复合
绝缘子发热温度曲线

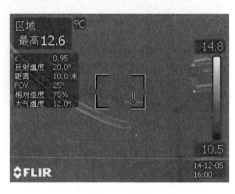

图 7　395 杆塔左串复合绝缘子试验
开始时红外热像图

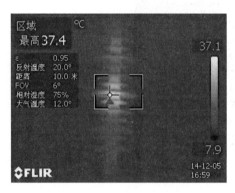

图 8　395 杆塔左串复合绝缘子
加压 1h 红外热像图

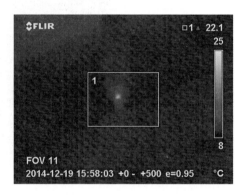

图 9　391 杆塔右串复合绝缘子
加压 1h 红外热像图

4.3　解剖分析

对 395 号杆塔左串复合绝缘子进行了解剖。解剖前对复合绝缘子进行外观检查，发现高压试验后绝缘子上有烧灼白点，且烧灼白点处有颗粒状异物。对伞裙做折叠试验，无异常。切开伞裙与芯棒，芯棒有明显炭黑色烧损点。继续解剖发现复合绝缘子在芯棒端部粉化严重，用锯条可以轻松锯开切口。对 395 号杆塔右串复合绝缘子进行了解剖。解剖结果表明复合绝缘子护套和芯棒均无异常。对 391 号杆塔右串复合绝缘子进行了解剖。解剖前对复合绝缘子进行外观检查，发现最下端靠近金属部分的护套有白色烧灼点。切开伞裙与芯棒，发现护套有明显的气泡。完整剥离护套，露出芯棒，绝缘芯棒无异常。

3 支绝缘子的解剖结果：1 支芯棒粉化，1 支护套有气泡，1 支正常。

4.4　缺陷原因分析

通过 2 支发热复合绝缘子的解剖情况分析，复合绝缘子在生产过程中存在气泡和杂质，在运行电压下由于端部电场强度高，产生局部放电，绝缘介质损耗增加，导致局部发热。

391 号杆塔右串复合绝缘子的缺陷主要集中在护套，395 号杆塔左串复合绝缘子的缺陷主要集中在芯棒。两支绝缘子上均发现了白色放电烧灼点。391 号杆塔护套的长期放电会导致芯棒裂化，如果继续长期运行会导致类似 395 杆塔左串的缺陷。

5 监督意见及要求

（1）该批次线路线复合绝缘子存在明显整体劣化趋势，部分绝缘子已出现明显缺陷，影响安全运行，建议对该批复合绝缘子进行更换。

（2）加强在运复合绝缘子的红外测温巡视，发现严重缺陷，应及时进行更换处理。

报送人员：刘正云、李勇、李金戈、熊文欢。

报送单位：湖北省送变电工程公司。

500kV 输电线路复合绝缘子因产品质量不良导致掉串

监督专业：电气设备性能　　　监督手段：故障调查
发现环节：运维检修　　　　　问题来源：设备制造

1　监督依据

Q/GDW 515.2—2010《交流架空输电线路用绝缘子使用导则　第 2 部分：复合绝缘子》

2　违反条款

Q/GDW 515.2—2010《交流架空输电线路用绝缘子使用导则　第 2 部分：复合绝缘子》中第 11 条规定：在运复合绝缘子性能检验试验，包括憎水性试验、水扩散试验、水煮后的冲击击穿电压试验、密封性能试验、机械破坏负荷试验 5 项试验内容。

3　案例简介

2015 年 10 月，某 500kV 线路 A 相（右相）故障跳闸，重合闸不成功。故障巡视发现，该线路 398 号塔 A 相（右相）复合绝缘子导线侧第 3 片伞裙处芯棒断裂，导致 A 相导线脱落，造成对地短路故障。经解剖发现，该复合绝缘子发生脆断的根本原因是生产工艺控制不严，导致硅橡胶内存在杂质，且硅橡胶在挤包穿伞过程中空气未完全排出，造成芯棒护套存在多处气隙。

故障杆塔型号为 ZB1V-39，小号侧档距 444m，大号侧档距 307m，垂直档距 511m，绝缘配置为左、右相单 1 串 300kN 复合绝缘子（FXBW4-500/300），中相 V 串瓷质绝缘子。该复合绝缘子挂网时间为 2009 年 6 月，已运行 6 年。

图 1　复合绝缘子导线端断口情况

4　案例分析

4.1　现场检查与处理

运维人员故障巡视发现该线路 398 号杆塔 A 相（右相）复合绝缘子导线侧第 3 片伞裙处芯棒断裂，导致 A 相导线脱落，造成对地短路故障，确定此处为故障点，如图 1 所示。

进一步调查故障时刻天气情况和该复合绝缘子历史运行情况，发现：

（1）故障时气象条件良好，晴天 14～21℃，微风，无持续稳定风向。

（2）同批次复合绝缘子曾于 2014 年 11 月在该线路 391 号和 395 号中发现局部发热缺陷并及时处理，且当时绝缘子芯棒剖开后呈现的劣化现象与本次相同。

4.2　故障原因分析

（1）外观及憎水性测试。对故障绝缘子外观进行检查，护套、伞裙、端部密封处外观及密封性完好，未见明显异常，外表面未见明显孔洞或破损。喷水分级表明，表面憎水性为 HC2 级，满足运行要求，如图 2 所示。

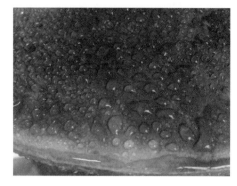

图 2　故障绝缘子表面憎水性测试

（2）断口分析。故障绝缘子断面 90% 区域断面平整，断口与轴线垂直，呈阶梯状；剩余 10% 断面呈现"扫帚形"，与复合材料短时拉伸破坏特征相同。从断口形态分析，故障绝缘子表现出典型的脆性断裂（脆断）特征。

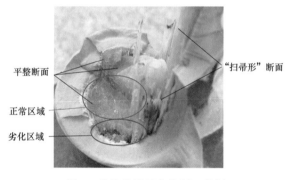

图 3　故障绝缘子芯棒断口分析

断口如图 3 所示，从断口呈现的颜色特征上分析，芯棒断口大部分区域呈现正常的青色，如图 3 中红色圈中所示；但是部分与护套粘接区域已经劣化，呈黄色。

（3）护套解剖分析。呈现黄色的芯棒表面已经严重粉化，解剖图如图 4 所示。检查劣化芯棒表面情况，发现护套与芯棒粘接层已经被破坏，可以轻松将护套从芯棒上撕裂开。而正常芯棒侧芯棒与护套粘接牢固，一般无法直接撕开。由于芯棒表面强度较高，只能利用刀具从芯棒上将护套刮开。

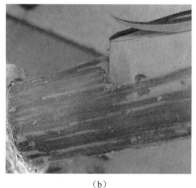

（a）　　　　　　　　　　　　　（b）

图 4　劣化芯棒表面解剖图

（a）劣化芯棒表面；（b）正常芯棒表面

断口附近大量芯棒树脂基体粉化，玻璃纤维粘连在护套内表面。护套内表面有明显黑色放电痕迹，如图5所示。

端部芯棒已经劣化，并已产生白色和黄色颗粒物，见图6。端部金具护套内表面已劣化，并产生白色颗粒物。金具与芯棒压接面产生黄色颗粒物，而正常芯棒与金具连接处应无此现象。

解剖检查发现，断口位于距离端部金具15～17cm处，断口两端芯棒均有劣化现象。导线侧一直劣化延伸到端部

图5　断口附近护套内表面

金具；对侧一直劣化到距离金具约25cm处，劣化芯棒界面逐渐变小，直至正常，劣化情况如图7所示。

（a）　　　　　　　　　　　（b）

图6　故障绝缘子端部
（a）劣化芯棒侧；（b）正常芯棒侧

解剖伞裙护套发现护套内存在多处气隙，剖开后的护套如图8所示。

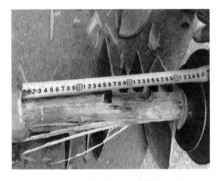

图7　芯棒劣化情况

图8　剖开后的护套

（4）故障原因分析。根据对复合绝缘子进行的外观和解剖检查，排除了天气、外力等原因造成的损害。该复合绝缘子发生脆断是由于生产工艺控制不严，导致硅橡胶内有杂质，且硅橡胶在挤包穿伞过程中未完全排出空气，造成芯棒护套存在多处气隙。绝缘

子在运行过程中，由于导线侧端部电位梯度较大、场强相对集中，气隙处产生长期放电，引起芯棒表面粉化，通过芯棒表面的泄漏电流增大，温度升高。由于存在局部过热点，使芯棒纤维逐步断裂，最终导致芯棒脆断，导线落地，线路跳闸，造成永久短路故障。

5 监督意见及要求

（1）该厂家同批次产品存在家族缺陷。运维单位应尽快组织对该厂家同批次的复合绝缘子进行更换；完成更换前，应加强巡视，对同批次复合绝缘子逐基登塔进行检查和红外测温，发现5℃以上的温差应视为危急缺陷，应立即更换。

（2）针对该厂家其他电压等级或者其他批次的复合绝缘子也应加强巡视，若发现类似缺陷，及时进行处理。

（3）严格按照《国网运检部关于开展复合绝缘子防掉串隐患治理工作的通知》要求，对全省复合绝缘子开展深度隐患排查并制订改造治理计划，重点加强对运行中复合绝缘子的红外检测工作，对疑似过热点应登塔进行精确红外测量，确认缺陷和隐患后及时处置。

报送人员：刘正云、李勇、李金戈、熊文欢、周学明。
报送单位：湖北省送变电工程公司。

500kV 输电线路耐张线夹液压工艺不良导致子导线断线

监督专业：金属	监督手段：故障调查
发现环节：运维检修	问题来源：设备安装

1 监督依据

DL/T 5285—2013《输变电工程架空导线及地线液压压接工艺规程》

2 违反条款

DL/T 5285—2013《输变电工程架空导线及地线液压压接工艺规程》第 6.2.4 条规定：压接时应对钢锚凹槽处进行施压。

3 案例简介

2013 年 7 月，某 500kV 线路 C 相故障跳闸，重合闸不成功。故障巡视发现该线路 017 号杆塔 C 相 1 号子导线钢芯在耐张线夹钢锚处发生断线、钢锚与铝管脱开，导致 016～017 号杆档内导线弧垂下降至贴近地面，造成导线对地短路放电。

4 案例分析

4.1 现场检查与处理

运维人员故障巡视发现，017 号杆塔小号侧 C 相（左相）左下子导线钢芯在耐张线夹钢锚处发生断裂，导致 C 相 1 号子导线弧垂下降至贴近地面，现场照片如图 1 所示，

图 1 耐张线夹脱落现场

巡查故障测距对应区段，未见异常，确定此处为故障点。

进一步调查故障点周围环境和故障时刻天气情况，发现：

（1）故障时天气情况为晴天，气温 26～31℃、风速 4 级，无雷电现象。

（2）故障杆塔处于农田中间，周边无道路、无施工、无树障等外力破坏因素。

4.2 故障原因分析

（1）耐张线夹压接工艺分析。将耐张线夹解剖后，对比钢锚和铝管压接部分发现，在压接耐张线夹时钢锚和铝管之间压接位置不对。正常情况下压接位置应在钢锚凹槽处，而从解剖情况看，压接位置却在钢锚凹槽

前端钢锚与钢芯压接的区段上，如图 2 所示。

图 2　耐张线夹铝管解剖图

根据 DL/T 5285—2013《输变电工程架空导线及地线液压压接工艺规程》要求，压接时应对钢锚凹槽处进行施压，此处所压长度对两个凹槽的钢锚最小为 60mm，对 3 个凹槽的钢锚最小为 62mm。正常压接的导线示意图如图 3 所示。

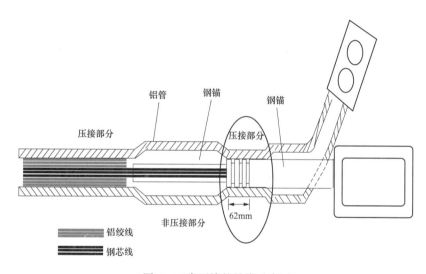

图 3　正常压接的导线示意图

此故障线夹钢锚有 3 个凹槽，因此按标准要求施压长度应为 62mm，而通过解剖发现该钢锚凹槽压接长度为零，也就是说钢锚凹槽处没有压接，压接位置前移至钢锚前端，压接工艺不符合标准要求。该事故导线压接示意图如图 4 所示。

（2）钢芯断口的宏观检查。对断口进行宏观检查发现，7 根钢芯线中的 5 根断口无颈缩现象，锈蚀严重，且断面与钢芯线轴向成 30°～60°；另外 2 根线的断口有颈缩现象，且断面与钢芯线轴向垂直。可见 5 根钢芯线曾承受过一定扭转力，另外 2 根钢芯线为顺导线轴向单向拉应力。断面情况如图 5 所示。

分析认为 5 根无颈缩的钢芯线首先在扭转力和拉应力作用下断裂，断裂后导致受力面积减少，另外 2 根钢芯无法承受拉力而断裂。

（3）试验情况。对该事故导线取样进行了化学成分检测、钢芯线镀锌层显微分析、

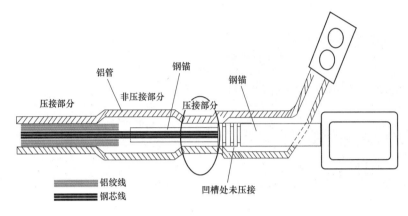

图 4　事故导线压接示意图

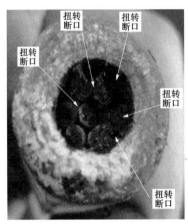

图 5　镀锌钢芯线的断口形貌图

钢芯线脱碳层显微分析、钢芯线拉力试验，检测结果显示，按照标准 GB/T 3428—2012
《架空绞线用镀锌钢线》要求，该钢芯线强度达到特高强度镀锌钢线中的 A 级镀锌层钢
芯线的要求。该级别为本标准最高级别的钢芯线，钢芯铝绞线材质强度满足要求。另外
检测结果显示脱碳层厚度满足要求，镀锌层也处于良好状态。

（4）断线原因分析。从断口可见，钢芯线断裂前受到过一定的扭转力。正常情况下
该处不应该存在扭转力的，分析扭转力产生的原因为当时压接工艺不当。

根据液压规程标准要求，对于 3 个凹槽的钢锚，压接长度至少为 62mm，而该钢锚
凹槽压接长度为 0，使得钢锚和铝管、铝管和钢芯铝绞线两处固定点变为只有铝管和钢
芯铝绞线一处固定点，钢锚与铝管没有形成一个整体，导致钢芯线在线夹内能在一定范
围内摆动或转动，产生扭转力，从而导致钢芯断裂。

5　监督意见及要求

（1）加强线路施工工艺和验收管理，应严格按照 DL/T 5285—2013《输变电工程架
空导线及地线液压压接工艺规程》的要求对耐张线夹及直线压接管进行压接，确保工艺

质量。

（2）加强设备施工监理及验收管理，严格进行交接验收把关。

报送人员：刘正云、李勇、李金戈、熊文欢。

报送单位：湖北省送变电工程公司。

500kV 输电线路因设计标准偏低导致线路冰闪跳闸

监督专业：电气设备性能	监督手段：故障调查
发现环节：运维检修	问题来源：设备设计

1 监督依据

Q/GDW 182—2008《中重冰区架空输电线路设计技术规定》

《国家电网公司十八项电网重大反事故措施（修订版）》（国家电网生〔2012〕352号）

2 违反条款

Q/GDW 182—2008《中重冰区架空输电线路设计技术规定》第 6.4 节规定：在搜集资料的基础上，结合线路所经地段及周围的地形、地物、相对高差、路径走向、架设高度和覆冰时的风速、风向、湿度等气象要素及附近已有线路的运行情况综合分析。注意微地形、微气候对覆冰增大的影响，合理确定设计冰厚和划分冰区。

《国家电网公司十八项电网重大反事故措施（修订版）》（国家电网生〔2012〕352号）中 6.1.1.1 条规定：在特殊地形、极端恶劣气象环境条件下重要输电通道宜采取差异化设计，适当提高重要线路防冰、防洪、防风等设防水平。6.5.5.5 条规定：对设计冰厚取值偏低、且未采取必要防覆冰措施的重冰区线路应逐步改造，提高抗冰能力。

3 案例简介

某公司的两回电厂出线线路，线路为东北走向，沿线以山地为主，部分为丘陵。Ⅰ回线于 2012 年 10 月 14 日投运，Ⅱ回线于 2013 年 7 月 16 日投运。Ⅰ回线路全长 72.721km，铁塔总数 162 基；Ⅱ回线路全长 73.270km，铁塔总数 163 基。Ⅰ、Ⅱ回 10号～158 号为双回路共杆，线路两端为单回路铁塔。导线采用 LGJ-400/35 型钢芯铝绞线，每相四分裂，分裂间距 450mm。地线一根采用 24 芯 OPGW 光纤架空复合地线，另一根为 GJ-100 镀锌钢绞线与 JLB35-120 型铝包钢绞线混合架设。线路设计气象条件为：基本风速 27m/s，覆冰厚度 10mm，最高气温 40℃，最低气温−20℃，年平均气温15℃。2014 年 2 月，当地出现大面积线路覆冰，导致 8 条输电线路故障跳闸，均重合不成功。经调查分析，认为线路抗冰设计标准偏低，抵御自然灾害能力不足，需进行线路抗冰改造。

4 案例分析

4.1 故障情况

2014年2月11日，技术运维人员对现场冰情、覆冰后设备状态进行实地勘察，重点对051号塔进行了现场具体调查，情况为：2014年2月7日以来受低温雨雪天气影响，Ⅰ、Ⅱ回线014～022号、048～058号区段陆续出现严重覆冰，覆冰厚度在30mm以上，其中051～057号区段覆冰最为严重。Ⅰ、Ⅱ回线051号塔处于海拔约560m的山区。2014年2月8日开始，该地区出现持续雨雪冰冻天气，降水形式以冻雨、湿雪为主，天气恶劣时伴有大雾出现。雨凇黏结在导/地线、杆塔和绝缘子上形成透明或半透明的坚冰，湿雪又在覆冰表面上黏结不规则的雪凇。几日累积下来，在导线表面、杆塔上形成雨凇或混合凇，如图1所示。

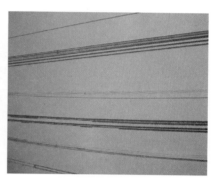

图1 铁塔、导地线覆冰情况（伴有雾气）

现场收集051～052号档距内脱落的覆冰，如图2所示。对采集的冰样进行电导率测试，结果为0.0143S/m（折算为20℃时），换算到XP-70绝缘子表面盐密值为0.014mg/cm²，为a级污秽区数值，表明覆冰较干净，所含污秽较少，排除了污秽导致线路闪络的可能性。

图2 现场覆冰情况

杆塔由于不均匀覆冰和覆冰不均匀脱落，导致051号塔绝缘子向小号侧倾斜，如图3所示。

4.2 故障原因分析

根据现场调查情况分析，故障原因如下：

（1）2014年2月9日04：28，Ⅱ回线故障原因是：导线在覆冰后发生脱冰跳跃，造成瞬间相间间距不足，发生相间短路。

（2）2014年2月9日晚～10日，连续4次Ⅰ回线C相的故障均是由于051～052号区段内导线因严重覆冰引起弧垂明显下降，线下通道净空距离不足，造成线路跳闸。

图3　051号塔绝缘子串倾斜

（3）2014年2月11日05：23，Ⅰ回线故障原因是：地线覆冰弧垂增加，引起地线与导线间电气距离不足，造成线路跳闸。

（4）2014年2月11日12：25，Ⅱ回线故障原因是：脱冰跳跃引起相间电气距离不足，造成线路跳闸。

（5）2014年2月14日11：37，Ⅱ回线故障原因是：地线不均匀脱冰引起051～058号耐张段地线张力不均衡，整段耐张地线向051～052号档出现滑移，导致051～052号档内地线弧垂下降近20m，地线在下落过程中与中相导线距离不足，造成线路跳闸。

因此，某500kVⅠ、Ⅱ回线故障都是由线路覆冰引起的。下面从气象、微地形和设计等方面分析线路覆冰的根本原因。

从气象因素来看：从2014年2月7日开始，当地有一次强冷空气过程。由于冷空气持续时间长，雨雪持续时间较长；加之大气温度较低，配合雨雪，形成持续结冰形势。某500kVⅠ、Ⅱ回线路正好位于强冷空气区域，容易形成较重覆冰。如图4所示为2014年2月7日20：00的地面气压图，图中棕色线条为冷空气主体移动路径，这条冷空气输送通道一直维持至10日上午，期间冷空气源源不断的自北向南输送，配合当地东南部高湿度空气，在Ⅰ、Ⅱ回线路覆冰区域形成了持续的雨雪天气。

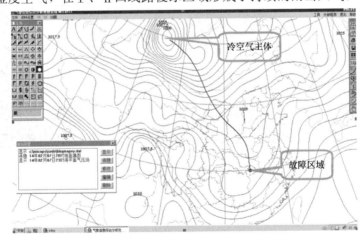

图4　强冷空气过程地面气压图

从微地形因素来看：经现场调查，本次该Ⅰ、Ⅱ回线路覆冰严重的区域为014～022号、048～058号两个杆塔段。图5为覆冰严重区域的航拍图，由图5可知，该覆冰严重区段位于水库附近，区段内线路与水库距离仅为2～3km，空气湿度大，为线路覆冰形成了有利条件。该区段线路海拔相对较高，是造成线路覆冰较严重的另一原因。表1为该Ⅰ、Ⅱ回014～022号，048～058号海拔表，可知014～022号杆塔大部分海拔在300m以上，048～058号大部分海拔在400m以上，其中051号塔位于海拔557.6m的山头，位于附近高度最高处。图7为该Ⅰ、Ⅱ回046～056号区段地理位置图，其中050、051、052均位于山顶区域，053号海拔稍低，但与冷空气来向相对，属于迎风坡，而迎风坡及坡顶对覆冰具有加强作用，同时位于上风方向的水库为覆冰提供了充沛的水汽，因此这几个点的覆冰较为严重，属于局地微地形导致的加重灾害。图6为该Ⅰ、Ⅱ回014～022号区段地理位置图，情况与情况分析类似，也是由于处于冷空气南下的迎风坡面上，且其北部还有一个水库，因此整体上具备了覆冰加强的微地形和小气候特征。

图5　该Ⅰ、Ⅱ回线路覆冰严重区域地形图

图6　014～022号区段地理位置图

表 1　　　　　　　　　　　014～022 号，048～058 号海拔表

杆塔号	高程（m）	杆塔号	高程（m）
014	349.28	048	331.25
015	356.10	049	519.49
016	413.37	050	555.69
017	285.54	051	557.64
018	393.02	052	487.33
019	343.82	053	427.31
020	316.19	054	438.49
021	304.53	055	434.40
022	217.28	056	434.44
		057	470.05
		058	319.45

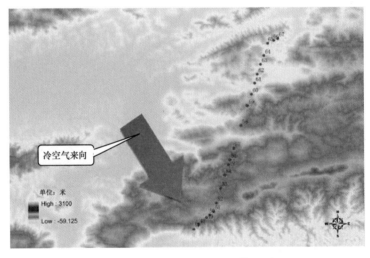

图 7　046～056 号区段地理位置图

从设计冰厚来看：该 500kV Ⅰ、Ⅱ回线为同塔线路。双回线路按导线 10mm 覆冰厚度，地线 15mm 覆冰厚度设计，按当地电网冰区分布图中对该地区的冰厚等级的划分，该设计是合适的，如图 8 所示。但全线均按 10mm 覆冰厚度考虑，没有区分山区与平原的差异，也没有考虑局地微地形区域的特点，设计标准明显偏低，不能满足线路特殊气象条件时安全运行的需要。经现场实测 051 号杆塔附近导线掉落冰块，导线覆冰换算厚度为 22.97mm，超过了 10mm 冰厚的设计标准。由于覆冰严重，现场可发现部分区域线路弧垂增加达 8～9m，如图 9 所示。导致线路与山顶树木放电、架空地线与相导线放电、以及线路相间放电；另外还有由于覆冰脱落时线路弹跳而引起放电，使线路多次跳闸。

5　监督意见及要求

（1）该 500kV Ⅰ、Ⅱ回线是超百万千瓦的大型电厂重要送出通道，对电网安全稳定

运行具有重大影响。对于这样的重要输电通道，不宜全线采用同杆架设。建议将线路地处覆冰微地形区域的同塔线路改为两个单回路，导线采用水平排列方式，并采用 V 型绝缘子串、绝缘子插花等防冰技术措施，以提高线路抗冰能力。

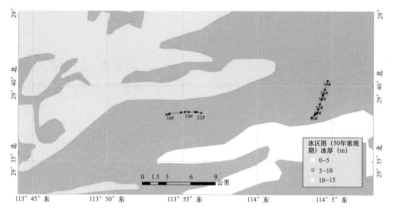

图 8　故障杆塔所处冰区等级

图 9　051～052 号塔导线弧垂增加

（2）覆冰严重区段开展差异化防冰改造。综合考虑机械强度、线路防雷要求等因素后，对覆冰严重区段的杆塔升高其地线支架，避免覆冰后导地线间闪络。在重覆冰区的部分档段，还要采取加装相间间隔棒的措施。

（3）加强线路通道环境运维管理，及时掌握通道内树竹生长等情况，确保通道环境内导线的安全距离。

（4）在覆冰发展初期，结合气象预测结果，适时开展融冰工作，防范倒塔断线事故发生。

（5）加强线路走廊沿线微气象微地形资料的调查、收集，结合实际运行经验，修订完善电网冰区分布图。

报送人员：刘正云、李勇、李金戈、熊文欢。
报送单位：湖北省送变电工程公司。

220kV 输电线路因避雷器损坏导致线路雷击跳闸

监督专业：电气设备性能	监督手段：诊断试验
发现环节：运维检修	问题来源：设备制造

1 监督依据

DL/T 815—2012《交流输电线路用复合外套金属氧化物避雷器》

2 违反条款

DL/T 815—2012《交流输电线路用复合外套金属氧化物避雷器》第 7.11 条规定：无间隙避雷器或带间隙避雷器本体应有可靠的密封。

3 案例简介

2013 年 6 月，某 220kV 线路 A 相跳闸，重合闸成功，故障巡视发现该线路 110 号杆塔避雷器伞裙上有烧灼痕迹，计数器烧毁，现场照片如图 1 所示。

(a)   (b)   (c)

图 1　故障避雷器现场照片

(a) 底座；(b) 伞裙；(c) 计数器

4 案例分析

对故障避雷器进行了解体检查，从解体情况看，故障避雷器内氧化锌阀片与外层环氧筒之间仅有空气介质，无其他绝缘填充物，如图 2 所示，阀片与外层环氧筒之间采用空气介质的避雷器存在较大弊端，不满足 DL/T 815—2012《交流输电线路用复合外套金属氧化物避雷器》第 7.11 条关于密封性的要求，并存在以下问题：①在工厂封装时，因环境中存在水分，导致其内部封装的空气介质存在水分；②在其封装过程中存在密封不严的情况，导致投运后其内部受潮；③在呼吸作用下，可能造成内部空气受潮；④避雷器安装在杆塔上，其支撑件长期受导线振动影响，而拉扯避雷器本体振动，导致其内部气流扰动，进而加剧了呼吸作用。因避雷器内部空气受潮，其绝缘性能急剧下降，在雷电流达到一定幅值时，内部潮湿空气被击穿，造成避雷器本体炸裂，从而导致线路跳闸。综上所述，该避雷器击穿的原因为其内部设计不合理。

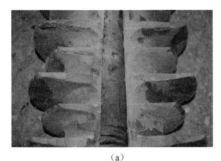 

（a） （b）

图 2　故障避雷器解体情况

（a）复合外套解剖；（b）复合外套内表面

5　监督意见及要求

（1）选取合格的线路避雷器，更换该批次的线路避雷器。

（2）避雷器生产厂家应改进线路避雷器设计及工艺。一是线路避雷器的组装应在洁净干燥的车间内组装；二是在内部阀片与外层环氧筒之间完成填充绝缘介质，增加抽真空工序，确保内部密封可靠。

（3）避雷器竣工验收时，应严格按照交接试验标准进行试验，确保避雷器零缺陷投运。

报送人员：王峰、王成、巢亚锋、段建家、岳一石。

报送单位：国网湖南电科院。

220kV 输电线路 OPGW 线夹断裂导致线路覆冰跳闸

监督专业：电气设备性能	监督手段：故障调查
发现环节：运维检修	问题来源：设备设计

1 监督依据

DL/T 5440—2009《重覆冰架空输电线路设计技术规程》

《国家电网公司十八项电网重大反事故措施（修订版）》（国家电网生〔2012〕352号）

2 违反条款

DL/T 5440—2009《重覆冰架空输电线路设计技术规程》第 5.0.2 条规定：线路路径应尽量避开调查确定的覆冰严重区域和污秽较重区域。

《国家电网公司十八项电网重大反事故措施（修订版）》（国家电网生〔2012〕352号）第 6.5.1.4 条规定：覆冰严重区域导地线线夹、防振锤和间隔棒应选用加强型金具或预绞式金具。

3 案例简介

2013 年 1 月，某 220kV 线路纵联距离、纵联零序保护动作跳 C 相，重合闸不成功。故障巡视发现，故障杆塔为 037 号塔，故障原因为 OPGW 线夹断裂后地线跌落至横担，造成导地线空气间隙不满足运行要求，导致线路跳闸。故障照片如图 1～图 4 所示。

图 1　地线跌落照片

图 2　OPGW 断裂照片

图3 覆冰现场照片　　　　　　　　　图4 防振锤损坏照片

4 案例分析

从故障时的天气情况来看，因当时低温雨雪天气，线路导、地线有覆冰。该线路按Ⅱ级冰区进行抗冰设计，路径整体呈东西走向，海拔为200～1022m，沿线地形复杂、起伏较大；故障耐张段杆塔、档距、高差大，跨越一个大垄沟，实际属Ⅲ级重覆冰微气象区，冬季容易结冰且以密度大的雨凇为主，故障耐张段技术参数如表1所示。该设计不符合DL/T 5440—2009《重覆冰架空输电线路设计技术规程》第5.0.2条的规定。

表1　　　　　　　　　　　故障耐张段技术参数

杆塔号	杆塔型号	档距（m）	高程（m）	水平档距（m）	垂直档距（m）	导线/地线型号
036	JC321-30		340	346	195	导线：
		511				2×LGJ-300/50；
037	ZBC332-42		818	598	783	右地线：
		686				XGJ-80；
038	ZBC332-36		789	653	601	左地线：
		620				OPGW-24/100
039	JC322-24		639	371	234	

从现场调查结果来看，故障杆塔OPGW悬垂线夹设计采用的是普通单线夹，两侧档距高差较大，因覆冰不均匀造成线路两侧纵向荷载不平衡。故障发生时，037号直线塔OPGW地线两侧发生不同期脱冰，单线夹因握着力小于覆冰地线在不同期脱冰过程中产生的纵向不平衡张力差，造成该地线线夹滑动过程中断裂。此处的单线夹设计不符合《国家电网公司十八项电网重大反事故措施（修订版）》第6.5.1.4的规定。

5 监督意见及要求

（1）在设计阶段，在进行线路路径选择时，应尽量避开覆冰严重区段以及风口、峡谷等微地形对线路运维影响较大区域。如的确难以避开，应对覆冰较重、连续上下山的线路区段，适当加大地线截面积，并采用加强型金具或双线夹。

（2）在运行阶段，应定期按照最新冰区分布图对线路外绝缘进行校核，对不满足防冰要求线路进行防冰改造。

报送人员：蒋宣锋、蒋利军、彭详、胡乃锋、胡军、熊杰、王峰。
报送单位：国网湖南省郴州供电公司。

220kV 输电线路因外力破坏导致跳闸

监督专业：电气设备性能　　　　监督手段：故障调查
发现环节：运维检修　　　　　　问题来源：设备设计

1　监督依据

GB 50545—2010《110kV～750kV 架空输电线路设计规范》

《国家电网公司十八项电网重大反事故措施（修订版）》（国家电网生〔2012〕352 号）

2　违反条款

GB 50545—2010《110kV～750kV 架空输电线路设计规范》第 13.0.4 条规定：220kV 线路在最大计算风偏情况下，边导线与建筑物之间的最小净空距离应保持 5m。

《国家电网公司十八项电网重大反事故措施（修订版）》（国家电网生〔2012〕352 号）第 6.7.1.1 条规定：新建线路设计时应采取必要的防外力破坏措施，验收时应检查防外力破坏措施是否落实到位。

3　案例简介

2014 年 4 月，某 220kV 线路 C 相纵联距离保护动作，重合不成功。故障巡视发现，某市政管理局下辖施工队伍在 025～026 号杆塔跨越金星大道处，对导线下方的路灯杆进行油漆亮化作业时引发线路跳闸，如图 1～图 3 所示。

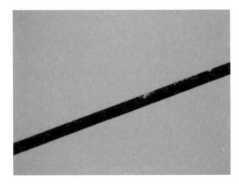

图 1　C 相导线电弧灼伤痕迹

图 2　吊车作业现场灼伤痕迹

4　案例分析

根据现场情况和事故分析，该线路 025～026 号杆塔跨越的道路为一级公路，跨越点导线对地距离仅 8.4m，特别是对下方路灯水平距离仅 4.0m，不满足 GB 50545—2010《110kV～750kV 架空输电线路设计规范》第 13.0.4 条的规定；同时，由于跨越点线路下方存在较多的绿化施工、路灯维护等作业情况，线路设计中未采取必要的防外力破坏措施，不满足《国家电网公司十八项电网重大反事故措施（修订版）》第 6.7.1.1 条的规定。

图 3　025～026 通道

5　监督意见及要求

（1）在设计阶段，新建线路设计时应采取必要的防外力破坏措施，必要时考虑加装外破视频监控装置。同时，还应充分考虑到线路在最大计算风偏情况下，应与已有建（构）筑物保持规范要求足够的距离。

（2）在竣工验收阶段，应检查防外力破坏措施是否落实到位，并应测量导线与下方建筑物的距离，确保符合规范要求。对不满足规范要求的建筑物应在线路投运前提出整改意见，整改完毕后方可投运。

（3）在运行阶段，开展对线路周边施工隐患排查工作，在可能存在外力破坏隐患的地方应安装警示牌，进行安全提醒。

报送人员：胡军、祝波、熊杰、彭详、胡乃锋、王峰。
报送单位：国网湖南省长沙供电公司。

220kV 输电线路设计缺陷导致线路易受外力破损

监督专业：电气设备性能　　　　监督手段：故障调查
发现环节：运维检修　　　　　　问题来源：设备设计

1 监督依据

GB 50217—2007《电力工程电缆设计规范》

《国家电网公司十八项电网重大反事故措施（修订版）》（国家电网生〔2012〕352号）

2 违反条款

GB 50217—2007《电力工程电缆设计规范》第5.1.1条规定：电缆的路径选择，应符合下列规定：①应避免电缆遭受机械性外力、过热、腐蚀等危害；②满足安全要求条件下，应保证电缆路径最短；③应便于敷设、维护；④宜避开将要挖掘施工的地方；⑤充油电缆线路通过起伏地形时，应保证供油装置合理配置。

《国家电网公司十八项电网重大反事故措施（修订版）》（国家电网生〔2012〕352号）第13.3.1.2条规定：电缆通道及直埋电缆线路工程应严格按照相关标准和设计要求施工，并同步进行竣工测绘，非开挖工艺的电缆通道应进行三维测绘。应在投运前向运行部门提交竣工资料和图纸；第13.3.1.3条规定：直埋电缆沿线、水底电缆应装设永久标识；第13.3.2.1条规定：电缆路径上应设立明显的警示标志，对可能发生外力破坏的区段应加强监视，并采取可靠的防护措施。

3 案例简介

2015年8月，某220kV输电线路C相跳闸，重合闸不成功。故障巡视发现：某房地产公司在该线路028号电缆终端杆围栏旁边，违章采用风炮机进行开挖，强行破坏电缆混凝土保护层，造成C相约0.5m电缆外露，损伤电缆主绝缘最终导致电缆击穿，线路故障停运，如图1、图2所示。

4 案例分析

从现场情况来看，设计阶段对于电缆路径选择考虑不足，电缆路径正处于施工区域附近，特别是电缆终端杆，处于规划的房地产开挖位置区域附近，存在外力破坏风险，不符合GB 50217—2007《电力工程电缆设计规范》第5.1.1条的规定。

图1　电缆故障现场照片　　　　　图2　电缆终端杆及围栏

对于电缆终端杆处余线的处理，施工单位未按照设计要求在终端杆处设置余线井，而是采取电缆余线绕杆敷设的方式；对于绕杆敷设的直埋电缆施工中虽采用混凝土打包等保护措施，并设置电缆终端杆保护围栏，但围栏没有将电缆余线完全包围，围栏角与电缆外延相距约30cm，通道上的警示标桩缺失，警示教育作用不明显。施工作业方式不符合《国家电网公司十八项电网重大反事故措施（修订版）》第13.3.1.2条的规定。

对于存在较大外力破坏风险的该区域，运行过程中也未按照要求设立明显的警示标志，并采取可靠的防护措施，不符合《国家电网公司十八项电网重大反事故措施（修订版）》第13.3.1.3条的规定。

5　监督意见及要求

（1）在设计阶段，应按照设计规范要求进行工程设计和路径选择，电缆路径宜避开将要挖掘施工的地方。

（2）在施工阶段，应严格按照设计图纸施工，隐蔽工程应在运维单位验收合格后才能转入下一个施工工序。

（3）在竣工验收阶段，应加强验收检查，对于施工与图纸不相符的情况，及时提出整改要求，避免留下重大安全隐患。

（4）在运行阶段，对于工程施工集中区域的电缆沿线通道及终端杆处，应设立明显的警示标志，加强巡视监视，并采取可靠的防护措施。

报送人员：胡军、祝波、熊杰、彭详、胡乃锋、王峰。
报送单位：国网湖南省长沙供电公司。

220kV 输电线路因局部防污裕度不足导致污闪跳闸

监督专业：电气设备性能　　　　监督手段：故障调查
发现环节：运维检修　　　　　　问题来源：运维检修

1 监督依据

《国家电网公司十八项电网重大反事故措施（修订版）》（国家电网生〔2012〕352
号）

2 违反条款

《国家电网公司十八项电网重大反事故措施（修订版）》（国家电网生〔2012〕352
号）第 7.2.3 条的规定：应避免局部防污闪漏洞或防污闪死角，如：具有多种绝缘配置
的线路中相对薄弱的区段，配置薄弱的耐张绝缘子，输、变电结合部等。

3 案例简介

2011 年 2 月，某 220kV 线路 A 相保护动作，重合闸成功；2011 年 2 月某日 3：47，
A 相再次保护动作，重合闸成功；当时 5：02，B 相保护动作，重合闸成功。故障巡视
发现，100 号杆塔 A、B 相导线及绝缘子串有明显闪络痕迹，如图 1、图 2 所示。经现
场调查，确认引起两次线路跳闸原因为污闪。

 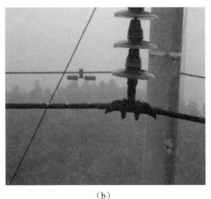

（a）　　　　　　　　　　　　　　　　（b）

图 1　导线闪络痕迹
（a）痕迹 1；（b）痕迹 2

4 案例分析

从故障现场调查情况来看，100 号杆塔附近发现一新建工厂，生产水玻璃（硅酸钠

Na_2SiO_3），该产品生产过程中产生大量的冷却尾水蒸气，造成此处局部水汽非常大。对该厂冷却尾水进行现场 pH 值测试，测量 pH 值在 12～13 之间，工厂现场照片见图 3。从该杆位外绝缘配置分析，经核实在该工厂未建立时，故障杆位所处污区等级为 c 级；对于处于 c 级污区的在运输电线路外绝缘配置，一般要求统一爬电比距不小于 32mm/kV，但故障杆位统一爬电比距仅为 26.45mm/kV，不能满足防污要求。该工厂建立后，100 号杆塔实际已成为该线路的局部防污闪漏洞，却未及时开展改造。因此，本次跳闸不满足《国家电网公司十八项电网重大反事故措施（修订版）》第 7.2.3 的规定。

图 2　绝缘子闪络痕迹　　　　　　　　图 3　现场污源

5　监督意见及要求

（1）在设计阶段，应根据本地区污秽等级和污源性质，合理选择外绝缘爬电比距，并适当留有一定的裕度。

（2）在运行阶段，应加强线路季节性特巡工作，每年 11 月至次年 3 月开展防污特巡；同时要每年进行外绝缘配置校核，对绝缘配置不满足要求的应及时安排调爬或清扫，对外绝缘配置严重不足的线路，应尽快进行改造。

报送人员：占龙、熊杰、胡军、彭详、胡乃锋、王峰。
报送单位：国网湖南省岳阳供电公司。

220kV 输电线路因施工质量不良导致线路风偏跳闸

监督专业：电气设备性能　　　监督手段：故障调查
发现环节：运维检修　　　　　问题来源：设备安装

1　监督依据

GB 50545—2010《110kV～750kV 架空输电线路设计规范》

2　违反条款

GB 50545—2010《110kV～750kV 架空输电线路设计规范》第 7.0.9 条的规定：在工频电压下，220kV 线路带电部分与杆塔构件的最小间隙为 0.55 米。

3　案例简介

2013 年 3 月，某 220kV 输电线路 A 相故障，纵联距离保护和零序保护动作，跳 A 相，重合闸不成功跳三相。故障巡视发现 291 号塔 A（左边）相后侧跳线、后侧耐张绝缘子串横担端均压环和绝缘子表面有明显闪络痕迹。经调查，本次故障是因施工工艺不符合设计要求，引起该线路风偏跳闸，现场照片如图 1～图 6 所示。

图 1　跳线放电痕迹照片　　　　　　图 2　绝缘子及金具放电痕迹照片

4　案例分析

该线路 291 号铁塔型号为 DJ90-18.5，位于农田之间。线路右侧是防洪堤，相对周边开阔地，属于制高点，线路发生故障时，有雨，同时伴有大风，291 号铁塔 A 相跳线对横担端均压环放电，痕迹明显，录波残压低，且绝缘表面无爬电痕迹，符合风偏放电的特性。

图3 放电通道测量照片

图4 跳线未提升前照片

图5 跳线提升后照片

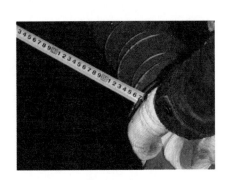
图6 跳线提升后测量照片

经现场调查，发现该铁塔A相跳线由于施工工艺原因，跳线过长，跳线至绝缘子串之间的间隙不够，在风力作用下，跳线发生风偏，对绝缘子均压环放电并造成线路跳闸。现场实测跳线放电点距横担端均压环约0.5m，查阅相关资料，对于220kV架空输电线路，结合故障塔结构参数和绝缘配置，在海拔1000m、理想工况下，工频电压最小空气间隙应不小于0.55m。国网电力科学研究院研究表明：当空气湿度超过90%，工频闪络电压会急剧下降，下降幅度大约为30%。因此，此次跳闸过程应是在垂直于跳线方向的北风作用下，A相跳线摆动使得后侧跳线和横担端均压环（绝缘子）之间的空气间隙减小；同时降雨降低了跳线与横担侧均压环之间的空气绝缘强度，最终导致线路跳闸。综合以上分析认为，由于该处施工工艺不满足GB 50545—2010《110kV～750kV架空输电线路设计规范》第7.0.9条的规定，造成线路风偏跳闸。

5 监督意见及要求

（1）在施工过程中，应严格按照施工工艺进行施工，确保空气间隙等满足设计规程。

（2）在竣工验收中，应严格按照验收规程确保线路验收质量，对线路关键点的空气间隙进行测量，确保满足规程和运行要求。

报送人员：周舒田、胡乃锋、熊杰、胡军、彭详、王峰。
报送单位：国网湖南省益阳供电公司。

220kV 输电线路并联间隙连接金具用单螺栓固定导致掉串隐患

| 监督专业：电气设备性能 | 监督手段：设备抽检 |
| 发现环节：设备验收 | 问题来源：设备制造 |

1　监督依据

DL/T 1293—2013《交流架空输电线路绝缘子并联间隙使用导则》

《国家电网公司十八项电网重大反事故措施（修订版）》（国家电网生〔2012〕352号）

2　违反条款

《国家电网公司十八项电网重大反事故措施（修订版）》（国家电网生〔2012〕352号）第 6.3.1.2 的规定：按照承受静态拉伸载荷设计的绝缘子和金具，应避免在实际运行中承受弯曲、扭转载荷、压缩载荷和交变机械载荷而导致断裂故障。

DL/T 1293—2013《交流架空输电线路绝缘子并联间隙使用导则》第 10.1 条规定：安装前应进行外观检查。为避免返工并正确安装，在登塔前可进行预组装，提前检查电极和各类金具连接是否存在问题；第 10.3 规定：安装时应可靠固定螺栓，确保并联间隙电极和连接金具可靠连接。

3　案例简介

2015 年 11 月，在对某 220kV 线路并联间隙开展设备到货验收时，发现并联间隙与连接金具之间采用单螺栓固定，存在连接不紧固问题，如果投入运行，将可能导致线路掉串。

4　案例分析

某 220kV 线路工程项目设备供应商提供的直线串并联间隙在横担侧与 U 型挂环连接采用 Q-10N 球头连接，导线侧与悬垂线夹连接采用 W1-8K 碗头，连接部位均采用单螺栓固定，通过卡槽限定绝缘子串摆动幅度，其实物图和组装图如图 1、图 2 所示，不满足 DL/T 1293—2013《交流架空输电线路绝缘子并联间隙使用导则》第 10.1、10.3 规定。单螺栓固定方式下，并联间隙长期受绝缘子串摆动作用力影响，难以有效确保间隙距离不发生改变；同时，连接金具过度摩擦，存在掉串隐患。该产品设计同时不满足《国家电网公司十八项电网重大反事故措施（修订版）》第 6.3.1.2 的规定。

图 1　实物图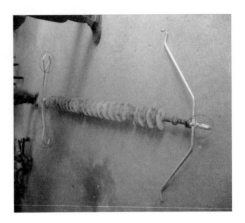

图 2　组装图

5　监督意见及要求

在到货验收时，应严格执行到货验收相关规定，避免缺陷隐患设备挂网运行。

报送人员：张伟、熊杰、胡军、彭详、胡乃锋、王峰。
报送单位：国网湖南省邵阳供电公司。

220kV 输电线路因设计标准偏低导致线路风害杆塔倒塌故障

监督专业：电气设备性能　　　监督手段：故障调查
发现环节：运维检修　　　　　问题来源：设备设计

1　监督依据

《国家电网公司十八项电网重大反事故措施（修订版）》（国家电网生〔2012〕352 号）

2　违反条款

《国家电网公司十八项电网重大反事故措施（修订版）》（国家电网生〔2012〕352 号）第 6.1.1.1 条的规定：在特殊地形、极端恶劣气象环境条件下重要输电通道宜采取差异化设计，适当提高重要线路防冰、防洪、防风等设防水平。

3　案例简介

图 1　054 号杆塔倒塌照片

2012 年 4 月，某 220kV 架空线路断路器纵联差动保护动作跳 A 相，重合不成功，跳三相。故障巡视发现：该线路 053~057 号耐张段中的 054、055 号和 056 号三基杆塔全部倒塌；053 号铁塔情况良好；057 号铁塔地线支架被拉扯变形。相关照片如图 1~图 7 所示。

图 2　054 号塔头扭曲照片

图 3　055 号杆塔倒塌照片 1

图 4　055 号杆塔倒塌照片 2

图 5　056 号杆塔倒塌照片 1

图 6　056 号杆塔倒塌照片 2

图 7　054~056 号地形照片

4　案例分析

该线路 053~057 号区段地形为丘陵，故障当天温度 20℃，湿度 99％，雷雨天气，偏西风。周边情况：现场到处可见受损的房屋屋顶和垮塌的房屋，许多大树连根拔起或拦腰折断，临近的道路大部分路灯、标示牌、广告牌受损严重，并且倒塌方向与杆塔倒向一致，均是从线路走廊左侧至右侧（西偏北风）。从地形上分析，该处三面环山，线路在东南方的山顶上，而西北方向的大风经过三面环山的狭窄区域，故障现场风力达到 9 级左右，最大瞬时风速达到或超过 25m/s，超过了杆塔的设计值，最终导致线路杆塔倒塌。从以上分析可知，该线路设计不符合《国家电网公司十八项电网重大反事故措施（修订版）》第 6.1.1.1 的规定。

5　监督意见及要求

（1）在设计阶段，应做好特殊地形的资料收集工作，对特殊地形、极端恶劣气象环境条件下重要输电通道宜采取差异化设计。

（2）在运行阶段，运维单位应建立特殊地形、恶劣天气区段的台账，为设计改造提供科学依据。

报送人员：刘运根、胡乃锋、熊杰、胡军、彭详、王峰。

报送单位：国网湖南省株洲供电公司。

220kV 输电线路无防鸟害设施导致线路鸟害跳闸

监督专业：电气设备性能　　　　监督手段：故障调查
发现环节：运维检修　　　　　　问题来源：设备设计

1 监督依据

《国家电网公司十八项电网重大反事故措施（修订版）》（国家电网生〔2012〕352号）

2 违反条款

《国家电网公司十八项电网重大反事故措施（修订版）》（国家电网生〔2012〕352号）第 6.6.1.1 条的规定：鸟害多发区的新建线路应设计、安装必要的防鸟装置。110（66）、220、330、500kV 悬垂绝缘子的鸟粪闪络基本防护范围为以绝缘子悬挂点为圆心，半径分别为 0.25、0.55、0.85、1.2m 的圆。

3 案例简介

2013 年 12 月，某 220kV 输电线路 C 相故障，重合闸成功。故障巡视发现：该 144 号杆 C 相绝缘子处由于鸟粪引起输电线路跳闸，现场照片如图 1～图 6 所示。

图 1　故障相绝缘子串　　　　　　图 2　故障相导线侧照片

4 案例分析

该线路 144 号杆塔绝缘子串采用 13 片 U70BP/146-1 型玻璃绝缘子，统一爬电比距为 40.05mm/kV，所处污区为 d 级污区。该处地形为丘陵，线路两侧树木较多，并且在 500m 范围内有青山和安乡两座水库，鸟类活动较为频繁。随着近年来国家推行的退

图 3　故障相横单侧照片　　　　　　　图 4　故障相正下方照片

图 5　绝缘子串放电痕迹照片　　　　图 6　水泥杆全貌照片

耕还林、退耕还湖和严禁违法打猎等环境保护政策的落实，天然条件的改善促进了鸟类的栖息繁衍，线路沿线鸟类种类和数量日益增多，鸟类活动日益频繁，而该处未安装防鸟装置，导致线路跳闸。因此，该处线路设计不满足《国家电网公司十八项电网重大反事故措施（修订版）》第 6.6.1.1 的规定。

5　监督意见及要求

（1）在设计阶段，应在鸟类活动频繁并且鸟害多发区设计安装必要的防鸟装置。

（2）在运行阶段，应收集鸟类活动的基础资料，对鸟类活动频繁并且鸟害多发区进行线路防鸟改造。

报送人员：胡乃锋、熊杰、胡军、彭详、王峰。

报送单位：国网湖南省湘潭供电公司。

220kV 输电线路防鸟措施不到位导致线路跳闸

监督专业：电气设备性能　　　　监督手段：故障调查
发现环节：运维检修　　　　　　问题来源：设备设计

1　监督依据

《国家电网公司十八项电网重大反事故措施（修订版）》（国家电网生〔2012〕352号）

2　违反条款

《国家电网公司十八项电网重大反事故措施（修订版）》（国家电网生〔2012〕352号）第 6.6.1.1 条的规定：鸟害多发区的新建线路应设计、安装必要的防鸟装置。110 (66)、220、330、500kV 悬垂绝缘子的鸟粪闪络基本防护范围为以绝缘子悬挂点为圆心，半径分别为 0.25、0.55、0.85、1.2m 的圆。

3　案例简介

2010 年 10 月，某 220kV 线路 159 号杆 B 相故障跳闸，重合成功。故障巡视发现：159 号杆 B 相绝缘子处有放电痕迹，并且在杆塔下方发现 1 只死亡的鹰隼，此次故障原因为鸟害跳闸，现场照片如图 1～图 4 所示。

图 1　导线闪络痕迹（照片更换）

图 2　绝缘子放电痕迹照片

4　案例分析

该线路 158 号杆塔绝缘子串采用 13 片 U100P/146 型玻璃绝缘子，统一爬电比距为 41.23mm/kV，所处污区为 c 级污区。该处实测位置为经度 111.40°、纬度 25.15°、海

图 3　鹰隼尸体照片

图 4　水泥杆全貌照片

拔 372.3m，地形为丘陵；前后通道内主要植被为高粱。结合故障痕迹、故障现场特征及周边环境分析可知，故障跳闸原因为迁徙候鸟鹰隼从 158 号杆 B 相绝缘子和导线之间飞过，导致导线至横担间隙不够，引起跳闸。

查阅相关资料，通过比对初步确定该只鹰隼应为红隼。该鸟为候鸟，在秋季陆续从北方往南方迁徙，栖息时多栖于空旷地区孤立的高树梢上或电线杆上，而 158 号杆处于鸟类迁徙的通道范围内，又未安装驱鸟装置，最终导致线路跳闸。

5　监督意见及要求

（1）在设计阶段，应采取差异性防鸟措施，在鸟类迁徙路径上杆塔安装驱鸟装置。

（2）在运行阶段，应针对重点区域开展防鸟特巡，掌握鸟类活动规律；对鸟害多发区线路应及时安装防鸟、驱鸟装置。

报送人员：曾鹏、彭详、胡乃锋、熊杰、胡军、王峰。
报送单位：国网湖南省衡阳供电公司。

220kV 输电线路接地装置问题导致线路雷击跳闸

监督专业：电气设备性能　　　监督手段：故障调查
发现环节：运维检修　　　　　问题来源：运维检修

1　监督依据

DL/T 741—2010《架空输电线路运行规程》

《国家电网公司十八项电网重大反事故措施（修订版）》（国家电网生〔2012〕352号）

2　违反条款

DL/T 741—2010《架空输电线路运行规程》第 5.5.3 的规定：接地引下线不应断开或与接地体接触不良；第 5.5.4 规定：接地装置不应出线外露或锈蚀严重，被腐蚀后其导体截面积不应低于原值的 80%。

《国家电网公司十八项电网重大反事故措施（修订版）》（国家电网生〔2012〕352号）第 14.2.3 规定：架空输电线路的防雷措施应按照输电线路在电网中的重要程度、线路走廊雷电活动强度、地形地貌及线路结构的不同，进行差异化配置，重点加强重要线路以及多雷区、强雷区内杆塔和线路的防雷保护。新建和运行的重要线路，应综合采取减小地线保护角、改善接地装置、适当加强绝缘等措施降低线路雷害风险。针对雷害风险较高的杆塔和线路区段宜采用线路避雷器保护。

3　案例简介

2006 年 11 月，某 220kV Ⅰ、Ⅱ 线双光纤保护动作直接跳三相。故障巡视发现，035 号塔左、右接地引下线与铁塔连接部位及螺栓有明显电弧灼伤痕迹，035 号塔两回线三相绝缘子表面均发现有闪络痕迹，如图 1～图 5 所示。结合落雷情况查询，可以确定引起本次跳闸的原因为雷击。

4　案例分析

雷电定位系统查询结果显示，在线路故障时间点 035 号附近有一雷电流幅值为 −79.8kA 的落雷，与故障点塔号、测距信息吻合，故可以确定引起该线路跳闸原因为雷击。现场故障调查时，检查发现该基杆塔接地网有外露现象，如图 6 所示。综合分析可知，该 Ⅰ、Ⅱ 线 035 塔因雷电直击杆塔，且接地引下线与杆塔接触不良、接地网外露，造成雷电反击电压过高，使得该同塔双回线路三相绝缘子闪络，最终导致该双回线三相同时跳闸。

图 1　左引下线连接部位电弧灼伤痕迹

图 2　右引下线连接部位电弧灼伤痕迹

图 3　连接螺栓电弧灼伤痕迹

图 4　绝缘子表面闪络痕迹（一）

图 5　绝缘子表面闪络痕迹（二）

进一步分析可知，接地引下线与铁塔接触不良、接地网外露，不符合 DL/T 741—
2010《架空输电线路运行规程》第 5.5.3 的规定和《国家电网公司十八项电网重大反事
故措施（修订版）》第 14.2.3 的规定。因此，接地装置问题是导致本次跳闸的重要
因素。

图 6　接地装置外露

5　监督意见及要求

（1）在设计阶段，应综合采取减小地线保护角、改善接地装置等措施降低线路雷害风险。

（2）在运行阶段，应加强杆塔接地装置维护，定期进行巡视及开挖检查，对于接地装置类缺陷，及时进行处理，降低线路雷害风险。

报送人员：胡军、王峰、彭详、熊杰、胡乃锋。
报送单位：国网湖南省长沙供电公司。

220kV 输电线路防雷设计不满足要求导致雷击跳闸

监督专业：电气设备性能　　监督手段：故障调查
发现环节：运维检修　　　　问题来源：设备设计

1　监督依据

《国家电网公司十八项电网重大反事故措施（修订版）》（国家电网生〔2012〕352号）

2　违反条款

《国家电网公司十八项电网重大反事故措施（修订版）》（国家电网生〔2012〕352号）第14.2.3的规定：架空输电线路的防雷措施应按照输电线路在电网中的重要程度、线路走廊雷电活动强度、地形地貌及线路结构的不同，进行差异化配置，重点加强重要线路以及多雷区、强雷区内杆塔和线路的防雷保护。新建和运行的重要线路，应综合采取减小地线保护角、改善接地装置、适当加强绝缘等措施降低线路雷害风险。针对雷害风险较高的杆塔和线段宜采用线路避雷器保护。

3　案例简介

2015年6月，某220kV线路C相故障跳闸，重合闸未投。故障巡视发现：056号杆塔C相（左相）整串绝缘子、悬垂线夹、导线上有明显闪络痕迹，如图1、图2所示。经现场调查，结合雷电定位系统查询结果，确认引起线路跳闸原因为雷击。

图1　故障相绝缘子闪络痕迹　　　　　图2　悬垂线夹电弧灼伤痕迹

4　案例分析

雷电定位系统查询结果显示，在线路故障时间点056～057号杆塔附近有一雷电流幅值为－15.4kA 的落雷，与故障点塔号、测距信息吻合，故可以确定引起该线路跳闸原因为雷击。该线路为高铁牵引变供电，属于重要输电线路；故障塔位所处地形为半山腰处，边坡角超过 45°，属于典型的易绕击地形，如图 3、图 4 所示；该线路未针对该线路的重要性和特殊地形，采取差异化防雷设计，在设计阶段未考虑安装线路避雷器等防雷辅助设施，提高线路运行可靠性，不符合《国家电网公司十八项电网重大反事故措施（修订版）》第 14.2.3 的规定。

图 3　故障塔位前侧通道地形　　　　　图 4　故障塔位后侧通道地形

5　监督意见及要求

（1）在设计阶段，应按照线路在电网中的重要程度、线路走廊雷电活动强度、地形地貌及线路结构的不同，依据雷区分布图，进行差异化防雷设计。

（2）在运行阶段，应结合线路重要性、沿线雷击活动情况、地形地貌等特征，采取安装线路避雷器、防雷间隙等措施，开展防雷专项治理，提高运行可靠性。

报送人员：黄海、雷亮、王峰、胡军、彭详、熊杰、胡乃锋。

报送单位：国网湖南省娄底供电公司。

220kV 输电线路施工质量问题导致线路地线掉落

| 监督专业：电气设备性能 | 监督手段：专业巡视 |
| 发现环节：运维检修 | 问题来源：设备安装 |

1 监督依据

GB 50233—2014《110kV～750kV 架空输电线路施工及验收规范》

2 违反条款

GB 50233—2014《110kV～750kV 架空输电线路施工及验收规范》第 8.6.8 规定：金具上所用的闭口销的直径应与孔径相配合，且弹力适度。开口销和闭口销不应有折断和裂纹等现象，当采用开口销时应对称开口，开口角度不宜小于 60°，不得用线材和其他材料代替开口销和闭口销。

3 案例简介

2013 年 3 月，某 220kV 线路 006 号杆左相地线跌落，悬吊在导线横担上方，地线跌落未造成线路跳闸。相关照片如图 1 所示。

 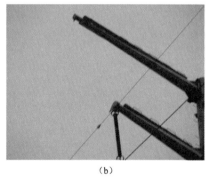

（a）   （b）

图 1　左相地线跌落照片
(a) 照片 1；(2) 照片 2

4 案例分析

该线路 006 号钢管直线杆塔型号为 GGZ31 - 30，杆塔呼高 30m，高为 52.9m，小号侧和大号侧档距分别为 150m 和 148m，地线型号为 JLB40 - 80。由于施工质量问题，该处地线悬垂线夹穿心螺杆尾部开口销安装不到位，在微风振动作用下导致螺帽松动振出，进而造成穿心螺杆脱落引起地线跌落。因此，该施工质量不满足 GB 50233—2014《110kV～750kV 架空输电线路施工及验收规范》第 8.6.8 的规定。

5 监督意见及要求

（1）在施工阶段，要严格按照架空输电线路施工及验收规范要求，进行开口销的安装。

（2）在竣工验收阶段，应对金具的开口销的规格、数量、穿向、质量进行验收。

报送人员：胡军、胡乃锋、熊杰、彭详、王峰。

报送单位：国网湖南省长沙供电公司。

220kV 输电线路因地线施工遗留金钩导致运行地线断裂

| 监督专业：电气设备性能 | 监督手段：专业巡视 |
| 发现环节：运维检修 | 问题来源：设备安装 |

1 监督依据

GB 50233—2014《110kV～500kV 架空送电线路施工及验收规范》

2 违反条款

GB 50233—2014《110kV～500kV 架空送电线路施工及验收规范》第 7.3.9 条规定：金钩、破股已使钢芯或内层线股形成无法修复的永久变形，定为严重损伤。

3 案例简介

2015 年 1 月，运维人员在某 220kV 线路专业巡检中，发现该线路 033～034 档地线断裂并掉落在地上，如图 1 和图 2 所示。停电检查发现 033～034 档地线是由基建施工时遗留的金钩缺陷，采取接续管压接后线路恢复正常运行。

图 1　架空地线跌落地上

图 2　架空地线断裂部位

4 案例分析

该线路地线型号为 GJ-50，2007 年 10 月投运，033～034 档地线投运至今未进行过改造，因此该金钩为基建施工时遗留。2015 年 1 月该线路所在地区受寒流影响，地线覆冰较重，如图 3 所示。综上所述，架空地线在基建施工时遗留金钩缺陷，长期运行导致锈蚀，在受覆冰影响后，地线应力骤然增大，导致断线故障。

按照 GB 50233—2014《110kV～500kV 架空送电线路施工及验收规范》要求，金钩、破股已使钢芯或内层线股形成无法修复的永久变形，达到严重损伤时，应将损伤部分全部锯掉，用接续管将导线重新连接。压接过程如图 4 所示，修复工序如下：

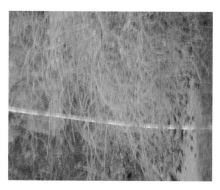 

图 3　现场覆冰情况　　　　　　　　图 4　重接断裂架空地线

（1）用钢丝刷将地线表面灰、黑色物质全部刷去，清除表面氧化膜，至显露出银白色为止。

（2）用汽油清除表面油垢，清洗长度应不短于穿管长度的 1.5 倍。

（3）干燥后，连接部位均匀涂上一层导电脂。

（4）采用接续管进行压接，地线穿入时应顺绞线绞制方向旋转推入。

5　监督意见及要求

（1）基建施工时，应严格按照标准工艺施工，避免展放时，地线缠绕。

（2）应采取有效的保护措施，防止导/地线放线、紧线、连接及安装附件时损伤。

（3）严格履行监理职责，对野蛮施工行为及时予以制止，发现问题坚决要求整改到位。

（4）加强运行人员跟班把关验收，从基建源头避免隐患和缺陷的发生。

报送人员：熊杰、李豫湘、杨远忠、王伟军、朱勇。

报送单位：国网湖南省常德供电公司。

220kV 输电线路因碳纤维导线压接工艺不良导致断线隐患

监督专业：金属　　　　　　　　监督手段：诊断试验
发现环节：设备安装　　　　　　问题来源：设备制造

1 监督依据

DL/T 5284—2012《碳纤维芯复合铝绞线施工工艺及验收导则》

DL/T 5285—2013《输变电工程架空导线及地线液压压接工艺规程》

Q/GDW 1851—2012《碳纤维复合材料芯架空导线》

2 违反条款

DL/T 5284—2012《碳纤维芯复合铝绞线施工工艺及验收导则》第5.6.2条规定：压接管压接后的弯曲度不宜大于压接管全长的2%。

DL/T 5285—2013《输变电工程架空导线及地线液压压接工艺规程》第7.0.3条规定，试件试验合格的判定条件应满足：①线路用每种导、地线液压连接的握着力均不应小于导、地线设计使用拉断力的95%；②压接后的导线直径不应有明显变形，压接管端部的导线表面不应有局部受损或缩径。

Q/GDW 1851—2012《碳纤维复合材料芯架空导线》第5.4.3条规定：抗拉强度复合芯棒的抗拉强度应符合表2的规定：1级≥2100MPa；2级≥2400MPa。

3 案例简介

2015年4月，运维人员在进行碳纤维导线试压接时发现：钢锚在楔形夹座中露出的丝扣长短不一；线夹压接后存在欠电压飞边和压接铝套管弯曲度超标等缺陷；压接后存在间隙过大或铝套管被钢锚严重挤压变形缺陷。

4 案例分析

对两个批次的碳纤维导线进行拉力试验时发现：对第一批次5根压接好的导线进行拉力试验，如图1所示，第4根导线在拉力值为135.42kN时内部碳纤维复合芯断裂，外层铝线被拉断，断点距离夹出口380mm，其余4根未断，5根导线在试验结束后铝套管线夹出口和导线之间均有2.5～4.5mm不等的滑移，金具与导线之间配合度不当。对第二批次1根未压接铝套管的碳纤维芯棒进行拉力试验，如图2所示，芯棒拉力值为103.14kN时断裂，断点位于线夹出口处。

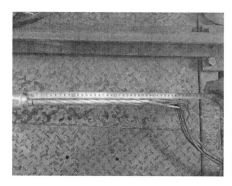

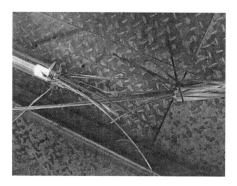

图1　第一批导线断点距线夹出口380mm　　　图2　第二批导线断点位于线夹出口处

碳纤维导线型号为 JRLX/T‑400，导线额定拉断力 136.44kN，芯棒额定拉断力为 120.64kN，两个批次的碳纤维导线抗拉强度不达标，未达到 Q/GDW 1851—2012《碳纤维复合材料芯架空导线》第5.4.3的规定。可初步判定为该批次产品存在质量缺陷，导线投入运行后将可能存在线路断线的风险。

钢锚在楔形夹座中露出的丝扣长短不一；线夹压接后存在欠压飞边和压接铝套管弯曲度超标等缺陷；压接后存在间隙过大或铝套管被钢锚严重挤压变形缺陷。不能满足 DL/T 5284—2012《碳纤维芯复合铝绞线施工工艺及验收导则》第5.6.2条的规定。可初步判断为金具与导线之间配合度存在缺陷。当运用于运行线路时，将可能导致线夹处发热，及线夹在微风振动时引起开裂等风险。

试验结束后铝套管线夹出口和导线之间均有 2.5～4.5mm 滑移不等，表明线夹与导线间握着力未达到 DL/T 5285—2013《输变电工程架空导线及地线液压压接工艺规程》第7.0.3条的规定。可初步判断为金具与导线之间配合度存在缺陷，导线投入运行后将存在导线从线夹中滑出的风险。

5　监督意见及要求

（1）在施工过程中，应严格按照碳纤维导线压接工艺要求进行施工，确保压接质量。

（2）由于碳纤维导线的链接芯棒采用专用部件连接，建议加强关键质量点的验收把关。

（3）在运行过程中，应加强对碳纤维导线接续位置的红外测温。

报送人员：刘运根、杨涛、贺振江、罗勇。
报送单位：国网湖南省株洲供电公司。

110kV 输电线路因钢管杆焊接质量不良导致钢管杆变形

| 监督专业：金属 | 监督手段：竣工验收 |
| 发现环节：设备安装 | 问题来源：设备制造 |

1 监督依据

Q/GDW 384—2009《输电线路钢管塔加工技术规程》

2 违反条款

Q/GDW 384—2009《输电线路钢管塔加工技术规程》第 7.4.1.9 条规定：焊缝外观应符合规定：不允许出现未焊透、表面存在夹渣、气孔、焊瘤；第 7.4.1.10 条规定：焊缝感观应达到：外形均匀，成型良好，焊道与焊道、焊缝与母材金属间过渡较圆滑，焊渣和飞溅物应清除干净。

3 案例简介

2014 年 9 月，技术监督人员在进行某 110kV 线路钢管杆现场验收时，发现部分法兰筋板叠加焊接在法兰盘拼接焊缝上，钢管杆多处对接焊缝内遗留焊条，内部有长约 3000mm 类似焊渣附着物未清理，存在长约 9000mm 的连续未焊透缺陷。

4 案例分析

输电线路钢管杆常见的焊接缺陷有焊接裂纹、未焊透、夹渣、气孔和焊缝外观等，此批钢管杆焊接缺陷包括未焊透与夹渣两种，如图 1、图 2 所示。

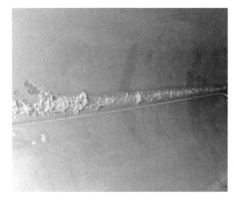
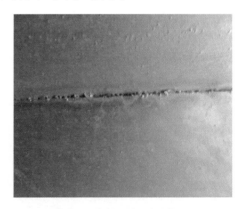

图 1　焊缝焊渣未清理　　　　图 2　未焊透宏观形貌图

（1）未焊透缺陷指焊缝表面上连续的或断续的沟槽。产生未焊透缺陷的主要原因有：焊接不规范，如电流太小、电弧过短、焊接速度过快、金属未完全熔化；坡口角度小、钝边过厚、对口时间太小导致熔深减小；焊接过程中，焊条和焊枪的角度不当导致电弧偏析或者清根不当。

（2）夹渣缺陷是指焊后溶渣残存在焊缝中的现象。夹渣产生的原因主要有：坡口尺寸不合理；坡口有污物；多层焊时，层间清渣不彻底；焊接线能量小；焊缝散热太快，液态金属凝固过快；手工焊时，焊条摆动不良，不利于熔渣上浮等。

5 监督意见及要求

（1）在施工过程中，应严格按照焊接工艺要求施工。

（2）在验收过程中，加强钢管杆焊接质量的验收把关。

报送人员：蒋宣锋、张金春、何启龙。

报送单位：国网湖南省郴州供电公司。

110kV 输电线路因防腐不良导致塔材严重腐蚀

监督专业：金属	监督手段：专业巡视
发现环节：运维检修	问题来源：运维检修

1 监督依据

DL/T 1453—2015《输电线路铁塔防腐蚀保护涂装》

2 违反条款

DL/T 1453—2015《输电线路铁塔防腐蚀保护涂装》规定：全面泛锈状态为铁塔表面涂层普遍失效、红锈总体覆盖面积超过 40％时的表面状态。

3 案例简介

2013 年 4 月，运维人员巡视发现某 110kV 线路 019 号杆塔塔材因工厂腐蚀性气体造成严重腐蚀，需尽快进行杆迁或采用新型材料，确保线路安全运行。

4 案例分析

该铁塔位于某硫酸厂附近的山坡上，与厂区直线距离 50m 左右。一根排废管道往山上延伸，与铁塔的距离较近。排废管道途经处可见白色废气泄漏，现场有呛鼻刺激性气味，成分检测为含硫气体，如图 1 所示。铁塔三面环山，正对河谷，河风往山坡上吹，使含硫气体聚集铁塔周围，腐蚀铁材，如图 2 所示。

图 1 019 号塔山坡附近管道废气泄漏　　图 2 河风往上吹带来硫酸厂烟气

铁塔表面镀锌层几乎全部破损，产生红色铁锈，如图 3 所示。锈蚀产物呈颗粒状，疏松易剥落，如图 4 所示。

图 3 铁塔全面腐蚀覆盖红锈

图 4 颗粒状锈蚀产物

部分区域残存镀锌层与铁基已剥离，镀锌层已基本腐蚀失效，如图 5、图 6 所示。

图 5 部分区域残存镀锌层

图 6 镀锌层和铁腐蚀产物分层剥落现象

现场查看铁塔下部比上部腐蚀严重，因下部离硫酸厂腐蚀气体更近、浓度更大，而邻近 018 号塔腐蚀较轻。

对 019 号塔塔材厚度进行了抽检，结果如表 1 所示。检测结果表明腐蚀严重部位厚度已减至原设计规格的 80% 以下。

表 1　　　　　　　　　　　　塔 材 厚 度 检 测

抽检部位	原设计规格（mm）	厚度测量结果（mm）
小材	L40×40×4	3.0
斜材	L63×63×6	5.5
主材	L110×110×8	7.8

铁塔塔材腐蚀是因为硫酸厂排放的含硫腐蚀性气体聚集引起强腐蚀破坏，部分塔材厚度已减薄至原尺寸 80% 以下，镀锌层使用不到 4 年就已完全失效。由于锈层起壳、腐蚀厚度较大，很难进行整体性防腐修复。

5 监督意见及要求

（1）将 019 号铁塔迁址，避开硫酸厂，更换为新的热镀锌铁塔，并对新铁塔涂刷涂料进行防腐，涂料体系采用环氧磷酸锌底漆 $30\mu m$ ＋环氧云铁中间漆 $80\mu m$ ＋丙烯酸聚氨酯面漆 $50\mu m$。

（2）若铁塔无法迁址，建议将原铁塔更换为热浸镀铝铁塔，镀铝层厚度不低于 $86\mu m$，并对新塔涂刷涂料防腐。

报送人员：欧阳克俭、陈军君、刘纯。
报送单位：国网湖南电科院。

110kV 输电线路因自然灾害导致塔身弯曲

监督专业：金属　　　　　　　监督手段：故障调查
发现环节：运维检修　　　　　　问题来源：运维检修

1　监督依据

DL/T 741—2010《架空输电线路运行规程》

2　违反条款

DL/T 741—2010《架空输电线路运行规程》第 5.1.2 条规定：直线杆塔的倾斜度（包括挠度）不应超过 1.0%；第 5.1.3 规定：铁塔主材相邻节点间弯曲度不应超过 0.2%；第 6.2.3 条规定：输电线路巡视应检查螺栓缺失松动情况。

3　案例简介

2013 年 7 月，运维人员在对某 110kV 线路巡视时发现，052 号直线塔塔身整体呈 S 形，其中塔身第 5、6 段主材扭曲明显，斜材螺栓大面积脱落，部分斜材连板已缺失，塔头向线路左侧微倾斜，如图 1、图 2 所示。

该杆塔塔型号为 Z1-45.7，塔重 8074.2kg。

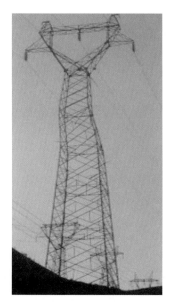

图 1　052 号塔当时情况

图 2　主材扭曲最严重部位

4 案例分析

052 号塔所在位置为山区边坡地形,且处于山谷风口,在微风振动作用力下,052 号塔材固定螺栓发生松动,部分螺栓脱落,导致铁塔机械承载力大幅度下降,影响了其整体稳定性,降低了抗风灾性能。

从该缺陷发现前的气象环境来看,所在地于 2013 年 7 月 30 日经历了一场强风雷暴雨天气。在大风作用下,052 号塔振动加剧,使得塔材紧固螺栓进一步松动,最终大量脱落,导致铁塔部分辅材脱落,造成第 5、6 段主材发生扭曲变形,严重影响 052 号塔整体稳定性,倒塔风险急剧增大,严重威胁线路安全运行。但由于导线承担着该塔 6 段以上塔头重量,6 段以下的塔材由于未发生变形,承力结构正常,仍支撑着整塔重量,故该塔在第 5、6 段主材发生扭曲变形后仍保持静态平衡,未发生倒塔事故。

随后对铁塔进行紧急抢修,抢修前后对比如图 3 所示。

(a)　　　　　　　　　　　　　　　(b)

图 3　杆塔现场照片
(a) 抢修前;(b) 抢修后

5 监督意见及要求

(1) 在设计阶段,进行线路路径选择时,应尽量避开风口、峡谷等微地形、微气象等对线路运维影响较大的地段。

(2) 在施工阶段,对处于山口、风口、峡谷处易发生微风振动地段的杆塔,选用防松螺栓等紧固措施。

(3) 在运行阶段,加强对该特殊地形杆塔的监测,积累气象数据,为后续线路设计、改造提供资料。

(4) 对处于山口、风口、峡谷处易发生微风振动地段的杆塔,运行巡视时应注重检查杆塔倾斜、螺栓缺失松动情况。

报送人员:彭详、杨峰、陈细玉、韦文榜。
报送单位:国网湖南省永州供电公司。

110kV 输电线路因产品质量问题
导致玻璃绝缘子自爆率过高

监督专业：电气设备性能　　　　监督手段：专业巡视
发现环节：运维检修　　　　　　问题来源：设备制造

1　监督依据

DL/T 626—2005《劣化盘形悬式绝缘子检测规程》[1]
Q/GDW 1173—2014《架空输电线路状态评价导则》

2　违反条款

DL/T 626—2005《劣化盘形悬式绝缘子检测规程》第 5.4 规定：对于投运 2 年内年劣化率大于 0.04%，2 年后检测周期内年均劣化率大于 0.02%，或年劣化率大于 0.1%，或机电（械）性能明显下降的绝缘子，应分析原因，并采取相应的措施。

Q/GDW 1173—2014《架空输电线路状态评价导则》附录 A 中规定：一串绝缘子中含有多只零值瓷绝缘子或玻璃绝缘子自爆情况，但良好绝缘子片数大于或等于带电作业规定的最少片数（110kV 为 5 片），评价为异常状态。

3　案例简介

某 110kV Ⅰ、Ⅱ回线投运于 2010 年 11 月，全线绝缘子采用 U70B/146 及 U100B/146 型盘形悬式玻璃绝缘子。经查阅招标和供货记录，两条线路玻璃绝缘子均为某绝缘子生产厂家同期供货的产品。

根据线路运行情况，某Ⅰ、Ⅱ回线年自爆率统计情况如表 1 所示。

表 1　　　　　某Ⅰ、Ⅱ回线玻璃绝缘子年自爆率

统计	玻璃绝缘子总片数	2011 年	2012 年	2013 年
某Ⅰ回	5576	0.108%/6	0.215%/12	0.126%/7
某Ⅱ回	5846	0.137%/8	0.120%/7	0.137%/8
合计	11 422	0.123%/14	0.166%/19	0.131%/15

---

[1]　由于故障发生时违反的规范为 DL/T 626—2005《劣化盘形悬式绝缘子检测规程》，所以此处不建议改用 DL/T 626—2015《劣化悬式绝缘子检测规程》。

根据 DL/T 626—2005《劣化盘形悬式绝缘子检测规程》第 5.4 条的规定，对比规程，某 110kV Ⅰ、Ⅱ 回线玻璃绝缘子劣化率均超过行业规定。

4 案例分析

玻璃绝缘子自爆具有"早期暴露，逐年下降"的规律，存在投运初期的自爆峰值。同时，自然环境、机械荷载、严重污秽、生产工艺等因素均有可能引起钢化玻璃绝缘子自爆。

从外部运行环境分析，根据该地区地闪密度分布图，该线路全线处于 B1 级雷区，雷电活动并不频繁，排除雷击原因导致玻璃绝缘子集中自爆；110kV Ⅰ、Ⅱ 回线所经地段为 b 级污区，绝缘子串按 c 级污区配置，近年无新增加污染源，沿线主要为山地，而且污秽检测也表明，该地区积污很轻，不存在因绝缘子串表面污秽放电引起玻璃绝缘子自爆的情况。

图 1　悬垂串玻璃绝缘子自爆

从机械荷载情况分析，该两条线路机械强度满足要求，均大于 GB 50545—2010《110kV～750kV 架空输电线路设计规范》最大使用荷载 2.7T，断线情况 1.8T，断联时安全系数不小于 1.5；平均运行工况时，安全系数不小于 4.0 的要求，对玻璃绝缘子的自爆无影响。

从外力破坏情况，两条线路均位于大山无人区中，线路保护区内人员活动较少。而且从自爆绝缘子的位置和发现时间来看，存在明显的随机性，悬垂串自爆绝缘子多于耐张绝缘子，时间上无规律，地点上也比较分散，人为破坏的可能性较小。如图 1、图 2 所示为悬垂串玻璃绝缘子自爆和耐张串玻璃绝缘子自爆。

从残锤上碎玻璃渣的形状分析，现场取下自爆后绝缘子残锤上的碎玻璃渣呈鱼鳞状，起始点位于玻璃件靠近铁帽底部附近，如图 3 所示。

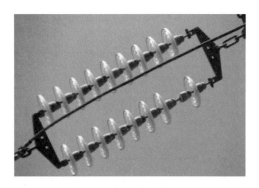

图 2　耐张串玻璃绝缘子自爆

图 3　自爆玻璃绝缘子残锤

而且从自爆绝缘子的分布规律来看，自爆玻璃绝缘子分散于多基杆塔，且位于绝子串的不同部位，由此判断玻璃绝缘子自爆与运行环境无关，为绝缘子本身产品质量所造成。通过所属省电科院和运维单位技术人员赴生产厂家的技术监督发现，该批次的玻璃绝缘子在生产过程中使用了新的配方，而且该批次的产品由于供货时间比较紧张，未在厂家内放置足够的时间，导致本应在供货前暴露的产品质量问题发生在运行线路上。

2014年2月，两条线路全线更换同型号玻璃绝缘子后，至今未出现玻璃绝缘子集中自爆情况。

5　监督意见及要求

（1）自爆率过高，说明该批次产品存在质量缺陷。厂家应加强产品质量管理，进一步从配料、工艺和质检等方面查找自爆率过高的原因。

（2）技术监督单位应加强绝缘子出厂前入厂监督、抽检等工作，重点检查关键生产工艺、质检等记录。

（3）玻璃绝缘子在生产后，厂家至少应保证有三个月的放置时间，以便剔除自爆的产品。

报送人员：刘劲松、戴小剑。
报送单位：国网湖北省恩施供电公司。

35kV 输电线路因接续管压接工艺不良导致导线断裂

> 监督专业：金属 监督手段：故障调查
> 发现环节：运维检修 问题来源：设备安装

1 监督依据

DL/T 5285—2013《输变电工程架空导线及地线液压压接工艺规程》

2 违反条款

DL/T 5285—2013《输变电工程架空导线及地线液压压接工艺规程》第 6.2.1 条规定自压接磨具中心，分别依次向管口端施压。

3 案例简介

2015 年 5 月，某 35kV 线路 032～033 杆段 C 相接地故障，运维人员故障巡视发现 C 相导线接续管断裂，导线掉落在田中。

4 案例分析

4.1 现场检查情况

该 35kV 线路导线型号为 LGJ-120/20，现场检查发现 032～033 档中导线断裂，导线从接续管中脱出，钢芯已断裂，如图 1 所示。

（a）　　　　　　　　　　　　　（b）

图 1　导线断裂现场照片
（a）照片 1；（b）照片 2

4.2 压接工艺比对

该线路接续管型号为 JYD-120/20，为搭接形式接续管，如图 2 所示。依据相关标准，金具尺寸未达到标准要求，见表1，主要时铝管长度偏小，钢管长度偏大，造成钢芯铝绞线的铝线压接长度不满足要求。

图2　接续管照片

表1

金具尺寸数据

参数	标准参数（mm）	35kV 线路金具尺寸（mm）
	JYD-120/20	JYD-120/20
铝管长度	380	305
钢管长度	80	200

标准要求搭接式接续管内部钢管压接3模，铝管总共压接7模。第1模压接铝管对应的钢管部位，钢管和铝管的压接方式分别如图3、图4所示。

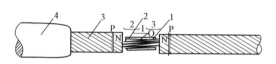

图3　搭接式接续管内钢芯压接顺序

1—钢芯；2—钢管；3—铝线；4—铝管

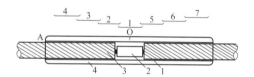

图4　搭接式接续管外铝管施压顺序

1—钢芯；2—已压钢管；3—铝线；4—铝管

金具解剖后发现该接续管内部钢管为对接式接续管的钢模，共压接了5模，铝管对应的钢管部位没有压接，铝管两端仅压接了1模，模宽达88mm。解剖后结构如图5、图6所示。进一步比对可知，钢芯铝绞线铝线部分插入到接续管的长度为25mm，但该部分没有压接，导致铝线和铝管之间接触不良。

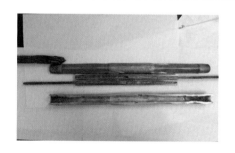

图5　接续管解剖后

图6　接续管内部铝线长度对比

4.3　原因分析

接续管铝管尺寸短，钢管尺寸长，导致钢芯铝绞线铝线部分在接续管中没有压接，长期运行时由于微风振动等外载荷作用，铝线和铝管因接触不良而发热，钢芯在发热作用下熔断导致导线发生断线故障。因此，接续管的铝管和钢管尺寸不匹配，压接工艺不标准是断线的主要原因。

5 监督意见及要求

（1）在到货验收中，加强对接续管等线路金具的检测。

（2）在施工过程中，严格按照接续管压接工艺进行施工。

（3）在验收过程中，加强对接续管压接质量的验收把关。

（4）在运行过程中，积极应用红外测温技术监测直线接续管、耐张线夹等引流连接金具的发热情况，高温大负荷期间应增加夜巡，发现缺陷及时处理。

报送人员：曾昊、胡乃锋、刘昊、蔡艺。

报送单位：国网湖南省湘潭供电公司。

第2章

电力电缆技术监督典型案例

220kV 电缆中间接头安装工艺不良导致击穿

监督专业：电气设备性能	监督手段：故障调查
发现环节：竣工验收	问题来源：设备安装

1 监督依据

DL/T 342—2010《额定电压 66kV～220kV 交联聚乙烯绝缘电力电缆接头安装规程》

2 违反条款

DL/T 342—2010《额定电压 66kV～220kV 交联聚乙烯绝缘电力电缆接头安装规程》第 6.4.2 条中规定：采用专用的切削刀具或玻璃去除电缆绝缘屏蔽，绝缘层屏蔽与绝缘层间应形成光滑过渡。

3 案例简介

2014 年 4 月，某 220kV 电缆线路空载充电时，发生 B 相跳闸故障。检查发现电缆隧道某中间接头 B 相玻璃钢外壳有灼烧痕迹，内部密封胶溢出。事故电缆全长 3.5km，型号为 $YJLW_{02}\text{-}127/220\text{-}1\times2000mm^2$。

图 1　IJ 侧绝缘法兰与铜壳处有灼烧痕迹

4 案例分析

4.1 故障接头解剖检查

（1）靠近绝缘法兰侧（以下简称 IJ 侧）铜管及绝缘法兰表面有烧灼痕迹，如图 1 所示。

（2）打开中间接头的防水外壳及保护铜壳尾管与电缆本体波纹铝护层的封铅后，发现击穿点位于该接头远离绝缘法兰侧（以下简称 NJ 侧）波纹铝护套断口处，如图 2 所示。

（3）硅橡胶预制件表面外观良好，安装尺寸未见异常，如图 3 所示。将预制件剖开后，应力锥与电缆本体半导电层有效搭接，导体压接管处半导电带绕包完整、紧密，预制件内电缆本体绝缘表面及预制件外电缆本体绝缘屏蔽层均遗留下炭黑状痕迹，预制件表面外观未见明显异常，如图 4 所示。由此可断定预制件内电缆本体表面炭黑为绝缘击穿后因短路电流形成的能量使得预制件膨胀，击穿点产生的炭黑喷至绝缘表面造成。

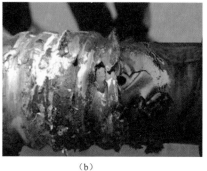

(a)   (b)

图 2　绝缘接头 NJ 侧波纹铝护套断口处击穿点

(a) 整体图；(b) 局部图

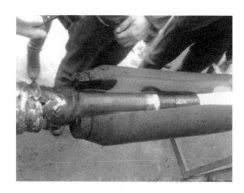

图 3　绝缘预制件外观情况　　　　　图 4　绝缘预制件解剖图

4.2　故障原因分析

综合上述解剖情况分析，造成此次故障的原因是电缆中间接头制作过程中，在进行切割铝护套工序时，由于操作不慎使得电缆本体绝缘屏蔽层甚至交联聚乙烯绝缘内部受到机械损伤，在运行电压下因局部场强集中而产生放电，引起主绝缘不断劣化，最终导致中间接头绝缘击穿。

5　监督意见及要求

（1）电缆附件安装时应严格执行施工工艺标准要求，在切割波纹铝护套时应采用专用工具对断口进行有效扩张，并确保电缆本体绝缘屏蔽层完好。

（2）电缆附件是电缆线路的绝缘薄弱点，其安装工艺水平对于电缆线路的安全稳定运行尤为关键，应加强附件装配施工的全过程技术监督及管理，提升电缆附件安装质量。

报送人员：苏勇、金志辉、徐军、张耀东。
报送单位：国网湖北省武汉供电公司。

110kV 电缆终端连接板质量缺陷导致异常发热

监督专业：电气设备性能　　监督手段：专业巡视
发现环节：运维检修　　　　问题来源：设备安装

1 监督依据

DL/T 664—2008《带电设备红外诊断应用规范》
Q/GDW 1168—2013《输变电设备状态检修试验规程》
Q/GDW 1512—2014《电力电缆及通道运维规程》

2 违反条款

DL/T 664—2008《带电设备红外诊断应用规范》附录 A 规定：输电导线的连接器发热缺陷诊断判据，热点温度＞90℃或$\delta \geqslant 80\%$（δ 是相对温差），可判断热点缺陷性质为严重缺陷。

Q/GDW 1168—2013《输变电设备状态检修试验规程》第 5.17.1.3 条规定：红外热像检测电缆终端、中间接头、电缆分支处及接地线（如可测），红外热像图显示应无异常温升、温差和/或相对温差。测量和分析方法参考 DL/T 664—2008《带电设备红外诊断应用规范》。

Q/GDW 1512—2014《电力电缆及通道运维规程》第 7.3.2 条规定：电缆终端引流线不应过紧；电缆终端、设备线夹、与导线连接部位不应出现发热或温度异常现象。

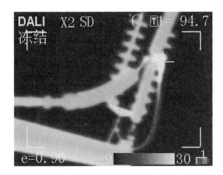

图 1　某 110kV 线路 022 号杆塔电缆
终端测温图谱

3 案例简介

2015 年 3 月，运维人员对某 110kV 电缆终端测温时发现 022 号杆塔 A 相电缆终端头连接板发热，热点温度 94.7℃，相间温差 58.3℃，负荷 75MW，属于严重缺陷，红外成像检测图谱如图 1 所示。

4 案例分析

对该 110kV 线路 A 相电缆终端处跳线、过渡连接板和主连接板进行检查，发现过渡连接板左侧与主连接板连接处接触良好，表面为银白色；右侧连接板与跳线线夹连接处接触不紧密，表面明显发黑，如图 2 所示。该处表面长期与空气接触，并长期承受高温灼烧，右侧过渡连接板第一个螺栓孔过于靠近折弯处，使跳线线夹的顶端与主连接板边缘没有足够的间距，跳线线夹在主连接板的顶托下，导致过渡连接板与主连接板贴合不紧密，接触面减小，接触电阻增大而引起异常发热。据以上分析，此次电缆终端头连接板发热的原因是过渡连接板靠跳线连接侧的连接板长度不足，导致连接螺栓无法紧固到位，过渡连接板与主连接板接触面不足，贴合不紧密，从而引起异常发热。

图 2　原过渡连接板

　　根据现场情况，判断为过渡连接板靠跳线线夹侧长度不足引起发热，因此重新加工一块过渡连接板，如图 3、图 4 所示，适当增加了过渡连接板长度。送电后再次进行红外成像检测未见异常，缺陷得到消除。

图 3　新加工的过渡连接板

图 4　更换过渡连接板后

5　监督意见及要求

　　（1）电缆线路投运前，应重点检查电缆终端头的连接部位，连接板之间、板与跳线线夹之间是否有足够的接触面积，且贴合紧密，连接牢固。

　　（2）电缆终端头连接板处贴合长度大小应能保证连接板连接螺栓紧固到位。

　　（3）运维过程中，应按照电缆带电检测要求开展电缆头等金属连接部位的红外测温工作。

报送人员：胡军、方宇晖、陈庆华。

报送单位：国网湖南省长沙供电公司。

110kV电缆施工质量不良导致线路故障

監督专业：电气设备性能　　　監督手段：故障调查
发现环节：运维检修　　　问题来源：设备安装

1　监督依据

GB 50168—2006《电气装置安装工程电缆线路施工及验收规范》
GB 50217—2007《电力工程电缆设计规范》

2　违反条款

GB 50168—2006《电气装置安装工程电缆线路施工及验收规范》第5.1.1中第3条规定：电缆外观应无损伤，对电缆的外观检查和密封状态有怀疑时，应进行潮湿判断；外护套有导电层的电缆，应进行外护套绝缘电阻试验并合格。第6.2.10条规定：单芯电力电缆的交叉互联箱、接地箱、护层保护器等电缆附件的安装应符合设计要求。

GB 50217—2007《电力工程电缆设计规范》第4.1.11中第1条规定：线路不长，且能满足本规范第4.1.10条要求时，应采取在线路一端或中央部位单点直接接地。

3　案例简介

2015年7月，110kV甲、乙两条线路杆迁电缆入地工程竣工，交流耐压试验后检查发现，3号电缆井内线路乙C相和线路甲A相护套破损，破损处经锯断重接方式修复，交流耐压试验合格后进行送电，送电运行4h后，线路乙C相电缆中间接头发生爆炸，中间接头保护箱烧蚀严重。

4　案例分析

4.1　现场检查

110kV甲、乙线路电缆终端均在018号杆塔上，杆上直接设接地箱未设专门接地线，与GB 50168—2006《电气装置安装工程电缆线路施工及验收规范》要求不符，如图1所示。1、2、3号电缆井内存在大量积水，部分电缆及接头浸泡在水里，如图2～图4所示。两条线路电缆参数见表1。

现场检查发现110kV线路乙C相电缆外护套烧蚀小孔，如图5所示；C相中间接头与电缆本体衔接处炸开，外护套和金属护套脱落，铜屏蔽网烧毁，如图6所示；故障相接地保护箱烧穿，过电压保护器有明显过热痕迹，如图7所示。

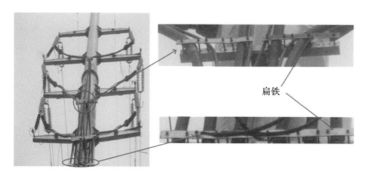

扁铁

图 1　018 号杆塔电缆终端情况

图 2　1 号电缆井

图 3　2 号电缆井

图 4　3 号电缆井

图 5　C 相故障外绝缘烧蚀情况

图 6　中间接头炸开情况

图 7　接地保护箱

图 8　故障点外护套金属内壁情况

表 1   110kV 线路电缆参数

线路名称	电缆起止点	线路长度（m）	型　　号
110kV 线路甲	018～019	3×680	YJLW02-64/110kV-1×500mm²
110kV 线路乙	018～019	3×620	
中间接头	001 和 002 电缆井	/	CDYJJJM264/110kV-1×500mm²

4.2　解体检查

（1）外护套存在两处明显击穿点，其中一点的外护套存在划痕，长约 10cm，金属护套上存在印痕；两处击穿点对应位置的金属护套内壁光滑，未见放电痕迹，如图 8 所示，可排除金属护套缺陷而导致外护套烧蚀的可能。另外，两回电缆外护套绝缘电阻检测为零，并且采用外护套故障定位仪无法定位，可见外护套存在多点接地。判断外护套烧蚀主要原因为电缆外护套多点接地导致单芯电缆外护套内流过较大环流，金属护套发热从而导致外护套烧蚀。

外护套多点接地的原因有：一方面电缆敷设完成后未进行外护套相关试验，不排除外护套本身存在局部损伤而造成多点接地的可能；另一方面聚氯乙烯（PVC）外护套吸水性强，而电缆井内存在大量积水，部分电缆段浸泡水中，现场运行环境恶劣，不排除外护套进水受潮和外部损伤造成外护套多点接地可能；此外聚氯乙烯（PVC）硬度较聚乙烯（PE）低，同时外护套存在划痕，不排除外部损伤导致外护套多点接地的可能。

（2）中间接头检查情况。在解体前用 5000V 绝缘电阻测试仪检测故障中间接头主绝缘电阻，测得故障中间接头绝缘电阻为 10MΩ 左右。解体后，可以看出中间接头一侧铜屏蔽网已烧毁，另一侧则保留较好，击穿点位于电缆本体与中间接头衔接处靠铜屏蔽网烧毁侧，直径约 30mm，如图 9、图 10 所示，击穿处主绝缘厚度 16.64mm 与正常电缆主绝缘厚度 16.98mm，无明显差别，如图 11 所示。

图 9　中间接头主绝缘整体情况

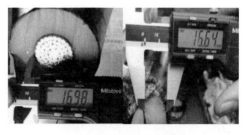

图10　中间接头主绝缘击穿点　　　　图 11　击穿处主绝缘厚度

图 12 为故障中间接头解剖情况，发现击穿部位位于电缆主绝缘与熔融覆盖绝缘分界面，属于绝缘接头内部。击穿处主绝缘厚度与正常电缆主绝缘厚度一致，可排除主绝缘厚度不足造成中间接头击穿。

图 12　故障中间接头解剖

图 13 为中间接头内部结构示意图，根据中间接头结构和解体情况分析，铜屏蔽网和半导体层衔接处发生击穿，由于其他部分主绝缘未见击穿现象，可以排除主绝缘材质问题导致故障。通过排除法可断定外半导电屏蔽层处场强畸变并导致击穿。

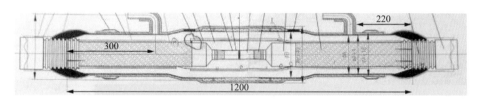

图 13　中间接头内部结构示意图

（3）图 14 为现场检查该两条电缆线路外护套接地方式，该接地方式不是 GB 50217—2007《电力工程电缆设计规范》推荐的接地方式。

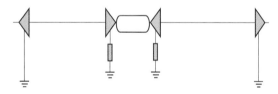

图 14　外护套实际接地方式

4.3　缺陷处理

排除电缆井内积水后，将故障电缆更换为聚乙烯材料护套电缆，采用不再设置电缆中间接头方式进一步对电缆布置加以优化，同时优化电缆接地方式，将电缆终端 018 号杆塔采用直接接地箱，019 号杆塔采用保护接地箱。

5　监督意见及要求

（1）强化与设计单位的沟通，针对地势低洼、电缆井容易积水等情况，按照 GB 50217—2007《电力工程电缆设计规范》要求，选用聚乙烯（PE）外护套电缆。

（2）交流系统单芯电力电缆金属层接地方式严格按照 GB 50217—2007《电力工程电缆设计规范》要求进行。

（3）加强电缆施工技术监督，督促施工单位规范施工，杜绝因施工不当导致损伤电缆；电缆接头现场制作时加强关键隐蔽工艺旁站监督。

（4）电缆工程竣工后，应严格按照 GB 50150—2006《电气装置安装工程　电气设备交接试验标准》等标准进行交接试验和验收，防止缺陷及隐患遗留到运行阶段。

报送人员：童小寒、姚璞、曾昊、胡乃锋、符春。
报送单位：国网湖南省湘潭供电公司。

110kV 电缆直埋敷设时损伤导致绝缘击穿

监督专业：电气设备性能   监督手段：故障调查
发现环节：设备调试   问题来源：设备安装

1 监督依据

GB 50168—2006《电气装置安装工程电缆线路施工及验收规范》

2 违反条款

GB 50168—2006《电气装置安装工程电缆线路施工及验收规范》第 5.2.5 条中规定：直埋电缆的上、下部应铺以不小于 100mm 厚的软土砂层，软土或沙子中不应有石块或其他硬质杂物。

3 案例简介

2014 年 4 月，某 110kV 线路施工验收完毕，但在电缆空充调试时，多为线路跳闸且重合闸不成功故障。经现场检查发现电缆本体击穿，击穿点附近导体在短路电流的作用下被烧蚀熔化，外护套与铝套出现较大面积破裂。经分析认为该电缆在投运之前已经进水，即金属护层与波纹铝护套在击穿前已发生破损，导致投运时发生主绝缘击穿事故。

事故电缆规格型号 $YJLW_{03}$-64/110-1×800mm^2。

4 案例分析

4.1 现场检查

线路故障后，试验人员检查发现 C 相电缆终端头金属尾管部分有放电痕迹，A 相电缆终端金属尾管连接铝排烧熔。随后，采用绝缘电阻表摇测 A、B、C 三相绝缘，发现 A 相绝缘电阻为零，其余两相趋于无穷大，结果显示 A 相已发生绝缘击穿。在沿线开

图 1　电缆击穿点位置和击穿点烧损情况

挖中发现电缆本体击穿，击穿位置为直埋弯曲段内，击穿点向上，如图 1 所示，击穿点附近导体在短路电流的作用下被烧蚀熔化，外护套与铝套存在较大面积破裂。

4.2 故障样段实验室检测

（1）电缆击穿点检查。对击穿点的最大尺寸进行了测量，轴向长约 60mm，径向长

约45mm，深约41mm，如图2所示。

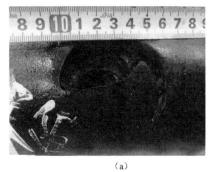

（a）　　　　　　　　　　（b）　　　　　　　　　（c）

图2　电缆击穿点尺寸检查

（a）轴向长约60mm；（b）径向长约45mm；（c）深度约41mm

　　将含电缆击穿点的样品外护套、铝套与半导电缓冲阻水带逐层解开后，检查发现击穿点破损区域的外护套、铝套的内表面无异常结构形变，如图3所示，但铝套内表面有明显的锈蚀现象，表现为多处白色与灰色锈蚀斑痕，如图4所示。此外，击穿点附近半导电缓冲阻水带已进水膨胀，经拧挤有大量水分流出，而且剥离半导电缓冲阻水带层后的电缆绝缘屏蔽层表面有明显水膜存在，如图5所示。

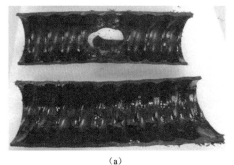

（a）　　　　　　　　　　　　　　　（b）

图3　外护套、铝套的内表面结构形变检查

（a）外护套；（b）铝套的内表面

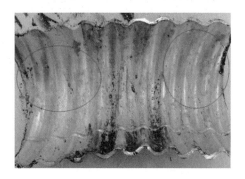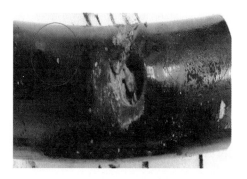

图4　铝套内表面的腐蚀痕迹　　　　图5　电缆线芯绝缘屏蔽层外表面水膜

（2）结构尺寸检查未见异常。

（3）绝缘老化前机械性能及绝缘热收缩试验未见异常。

（4）电缆绝缘线芯整体透明检查未见异常，如图6所示。

（5）绝缘微孔杂质和半导电屏蔽层与绝缘层界面微孔突起试验未见异常。

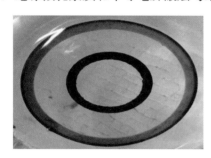

图6 电缆绝缘线芯整体透明检查照片

4.3 故障原因分析

根据现场检查和试验检测结果分析：

（1）图1、2、3中列出的试验检测结果均符合 GB/T 11017.2—2014《额定电压110kV（U_m=126kV）交联聚乙烯绝缘电力电缆及其附件 第2部分：电缆》的要求，电缆透明段的检查没有发现导体屏蔽和绝缘屏蔽存在可见的突起或凹陷，因此，可认为因电缆本体质量不良导致电缆击穿的可能性不大。

（2）根据电缆击穿点检查结果，电缆内部发生进水并在铝套内表面形成了锈蚀，结合铝套锈蚀的程度与痕迹面积特征，可判断锈蚀的产生及发展已经历一定的时期，推断该电缆在投运之前已经进水，即金属护层与波纹铝护套在击穿前已发生破损。

（3）根据投运时录波记录，该段电缆合闸空冲升压无法完成，可判断电缆绝缘在空冲加压前已发生贯穿性击穿，水分进入到绝缘受损处后导致电缆导体线芯与铝套及外部大地产生等电位连接。同时结合竣工主绝缘耐压试验结果，判断该电缆在交接试验完成至投运送电之间可能受到外力破坏。

（4）A、C相电缆终端金属尾管处的灼烧痕迹是短路瞬间大电流所感应的电压所致，由于该条线路金属护层采用一端接地、另一端保护接地方式，在短路电流流过A相线芯时，在保护接地端感应出较高电压，超过终端金属尾管裸露部分对附近接地构架间隙耐压水平产生弧光放电从而灼烧该处及附近部位。

5 监督意见及要求

（1）基建施工阶段，应严格执行《国家电网公司十八项电网重大反事故措施（修订版）》（国家电网生〔2012〕352号）要求，防止电缆受到碰撞、挤压等导致的机械损伤，敷设过程中严格控制牵引力、侧压力和弯曲半径。敷设完毕后至正式投运前也应制订完善的安防措施及保护方案，避免因外破而造成故障。

（2）通过试验后较长时间未投运的电力电缆在送电前应开展主绝缘及外护套绝缘电阻检测，必要时还需进行耐压试验，确保电缆各层绝缘水平满足运行要求后方可投运。

（3）对于110kV及以上电缆（特别是变电站外出口处）一般应采用电缆沟或排管敷设方式，提升电缆线路的防外破能力。

报送人员：闵向东、张小河、张耀东。
报送单位：国网湖北省鄂州供电公司。

35kV 电缆冷缩终端安装工艺不良导致击穿

监督专业：电气设备性能　　　　监督手段：故障调查
发现环节：运维检修　　　　　　问题来源：设备安装

1　监督依据

GB 50168—2006《电气装置安装工程电缆线路施工及验收规范》

2　违反条款

GB 50168—2006《电气装置安装工程电缆线路施工及验收规范》第 6.2.1 条中规定：制作电缆接头，剥切电缆时不应损伤线芯和保留的绝缘层。

3　案例简介

2013 年 8 月，某 220kV 变电站主变压器跳闸，经现场检查发现其一条 35kV 母线出线电缆接头处发生三相短路。错误的装配及安装工艺导致电缆终端头应力锥无法起到均匀外半导电层断口场强的作用，该处电场畸变产生局部放电，最终导致电缆头击穿短路。

事故电缆终端头为冷缩户外终端头，外绝缘为硅橡胶伞裙。

4　案例分析

4.1　现场检查

电缆终端击穿现场检查发现，在 C 相外护套上有明显的"一"字型裂开痕迹，其他两相伞裙存在明显放电痕迹，且终端鼻子与母排连接处烧灼痕迹明显，如图 1 所示。

图 1　故障现场击穿情况

4.2　解剖分析

（1）电缆主绝缘距离外半导电层断口处 20mm 处有一直径约 10mm 的击穿孔，该孔深达导电线芯；电缆本体交联聚乙烯绝缘表面及终端头预制件内对应的内表面有树枝化放电痕迹。

（2）三相电缆终端内电缆本体绝缘外半剖切距离不一致，其中 B 相未满足规程要求（大于 250mm），仅为 240mm，如图 2 所示。

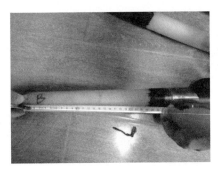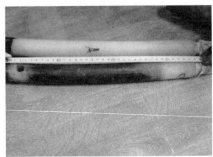

图 2　尺寸检查

(a) A 相；(b) B 相

（3）三相应力锥安装错位，电缆外半导电层切口超出应力锥上端部；应力锥与电缆外半断口处复合界面间错误安装了一段绝缘管，导致应力锥与电缆本体外半断口未能有效搭接，如图 3 所示。

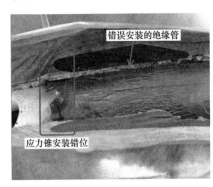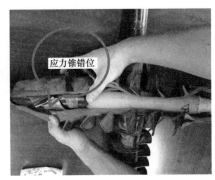

图 3　装配工艺检查

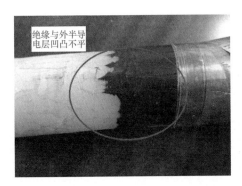

图 4　外半导电层处理

（4）电缆本体内绝缘未打磨砂光导致表面凹凸不平，且未涂抹硅脂，用手触摸可感觉到明显阶梯状棱角；绝缘表面半导电颗粒未刮净；外半导电层端口不整齐，呈锯齿状，且未按要求倒角打磨，如图 4 所示。

4.3　故障原因分析

综上所述，此次故障的原因主要有以下三个：①由于错误的装配及安装工艺，导致终端头应力锥未与电缆本体外半导电层断口有效搭接，应力锥无法起到均匀外半导电层断口场强的作用，导致该处电场发生畸变产生放电；②由于终端内电缆本体外半导电层剥切工艺粗糙且未打磨及涂抹硅脂，导致主绝缘与绝缘表面冷缩预制件之间存在气隙，导电粒子激发界面沿面放电，降低界面的击穿场强；③由于未处理干净，靠近外半导电层断口处分布于绝缘界面半导电颗粒的存在，导致绝缘性能降低。

5　监督意见及要求

（1）电缆附件是电缆线路的绝缘薄弱点，是早期投运期间故障概率较高的部位，其安装工艺水平对于电缆线路的安全稳定运行尤为关键，建议加强电缆施工全过程技术监督及管理，有效提升安装工艺水平。

（2）严格审核电缆附件施工队伍的资质，确保安装人员持证上岗。

报送人员：周启义。

报送单位：国网湖北省荆州供电公司。

35kV 电缆终端应力管安装质量缺陷导致异常发热

| 监督专业：电气设备性能 | 监督手段：带电检测 |
| 发现环节：运维检修 | 问题来源：设备安装 |

1 监督依据

DL/T 664—2008《带电设备红外诊断应用规范》

Q/GDW 1168—2013《输变电设备状态检修试验规程》

2 违反条款

DL/T 664—2008《带电设备红外诊断应用规范》附录 B 规定：电压致热型设备温差大于 0.5～1K，缺陷定为危急缺陷。

Q/GDW 1168—2013《输变电设备状态检修试验规程》第 5.17.1.3 条规定：红外热像检测电缆终端、中间接头、电缆分支处及接地线（如可测），红外热像图显示应无异常温升、温差和/或相对温差。测量和分析方法参考 DL/T 664—2008《带电设备红外诊断应用规范》。

3 案例简介

2015 年 4 月，运维人员通过红外测温发现某融冰单芯电缆 C 相两个终端（连接 4203 隔离开关与 4207 隔离开关）存在异常发热现象。经诊断性试验和解体检查，判断该缺陷是由于电缆终端制作工艺不良所导致的，重新制作电缆终端后恢复正常运行。

4 案例分析

4.1 红外检测

红外热像图谱显示，融冰电缆 C 相两个电缆终端存在明显的不均匀热场，其中靠近 4207 隔离开关电缆终端第 6 个伞裙处发热较为严重，靠近 4203 隔离开关的电缆终端第 6 个伞裙下方及第 3 个伞裙处存在发热现象。

图 1 和图 2 为 4207 电缆终端红外热像图，其最高温度为 28.2℃，正常相温度 13.2℃，温差达到 15K，相对温差 87.2％；图 3 和图 4 为 4203 电缆终端红外热像图，其最高温度为 20.6℃，正常相温度 15.5℃，温差 5.1K，相对温差 53.1％。根据 DL/T 664—2008《带电设备红外诊断应用规范》，可判定该电缆两个终端为危急缺陷。

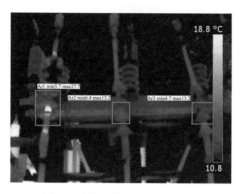

图 1　融冰电缆 4207 电缆终端

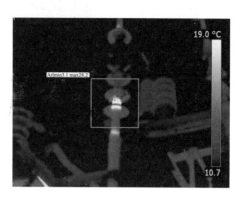

图 2　融冰电缆 C 相 4207 电缆终端

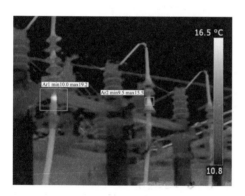

图 3　融冰电缆 4203 电缆终端

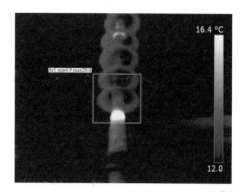

图 4　融冰电缆 C 相 4203 电缆终端

4.2　绝缘测试

停电对该电缆进行绝缘测试，三相电缆主绝缘电阻试验数据如表 1 所示。

表 1　　　　　　　　　　　融冰电缆绝缘电阻试验数据

相别	A	B	C
绝缘电阻值（MΩ）	>100 000	>100 000	240
结论	合格	合格	不合格
备注	环境温度 21℃，环境湿度 51%		

从表中可以看出，C 相绝缘电阻不合格；随后对其进行了耐压试验，A、B 相试验通过，而 C 相当电压加至 36kV 时，即发生闪络，再次进行绝缘测试，绝缘电阻仅为 120 MΩ。由此可见，C 相电缆终端绝缘已损坏。

4.3　解体检查

随后对该电缆进行检查及解体分析。图 5～图 7 为 4207 电缆终端外表检查及解剖图，图 8 为 4203 电缆终端放电部位情况。

(a)　　　　　　　　　　　　　　　　(b)

图 5　4207 电缆头伞裙处存在破损及放电现象

（a）从下往上第 1 片伞裙；（b）从下往上第 2 片伞裙

(a)　　　　　　　　　　　　　　　　(b)

图 6　4207 电缆剖开伞裙后，存在明显的放电现象

（a）各伞裙处均存在不同程度的放电；（b）第 1 片伞裙放电情况

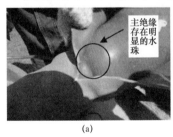  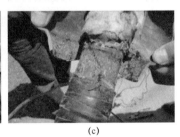

(a)　　　　　　　　　(b)　　　　　　　　　(c)

图 7　4207 电缆终端解体照片

（a）绝缘存在明显的水珠；（b）主绝缘存在明显的电树枝；（c）电缆半导体层处放电

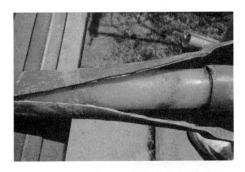

图 8　4203 电缆终端放电部位情况

图 9（a）～图 9（c）分别为 4203、4207 电缆终端解剖情况，由图可见两个终端均未安装应力管，使得电场在半导体切断界面处集中。另外填充胶分布不均匀，存在气隙，气隙处产生局部放电，加速电树枝的形成。根据以上分析，电缆终端未按照工艺要求正确安装压力管，导致电场在半导体切断处畸变集中，最终导致电缆终端击穿。

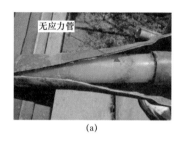 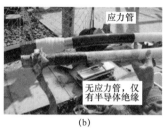 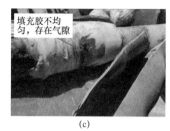

(a)   (b)   (c)

图 9　融冰电缆 C 相终端解体情况

（a）4203 电缆终端未安装应力管；（b）4207 电缆终端未安装应力管；（c）4207 电缆终端填充胶不均匀

5　监督意见及要求

（1）在制作电缆终端或中间接头时，应对施工工艺进行严格管控，半导体层切割应均匀、整齐，避免在终端制作过程中遗留气隙和杂质。

（2）在制作热缩电缆头时，应充分考虑到当热缩材料加热硬化后就不再具有弹性的材料特性，在加热时也应防止火焰损坏铜屏蔽层及绝缘层。

（3）在电缆运行中，应加强电缆终端及中间终端的红外热像检测。

报送人员：胡乃峰、曾昊、刘海龙。

报送单位：国网湖南省湘潭供电公司。

第3章

继电保护设备技术监督
典型案例

合闸回路长时间动作导致断路器合闸线圈和操作箱合闸插件烧毁

监督专业：保护与控制　　　　监督手段：故障调查
发现环节：运维检修　　　　　问题来源：运维检修

1 监督依据

GB/T 14285—2006《继电保护和安全自动装置技术规程》

2 违反条款

GB/T 14285—2006《继电保护和安全自动装置技术规程》第 6.1.11 条规定：发电厂和变电站中重要设备和线路的继电保护和自动装置，应有经常监视操作电源的装置。各断路器的跳闸回路，重要设备和线路的断路器合闸回路，以及装有自动重合装置的断路器合闸回路，应装设回路完整性的监视装置。监视装置可发出光信号或声光信号，或通过自动化系统向远方传送信号。

3 案例简介

某 220kV 线路 C 相发生瞬时性故障，保护动作跳开 C 相断路器，重合闸启动并出口，但 C 相断路器重合不成功。因线路负荷较小，无法达到零负序电流闭锁的开放条件，故三相不一致保护没有及时动作。在此期间，C 相断路器的合闸线圈及操作箱合闸插件烧坏，并且整个过程中没有告警信号发出。经调查分析，认为事故原因是该间隔端子箱内直流总电源失电，储能电动机电源和信号电源共用一路直流电源，断路器未储能，导致重合闸失败而合闸回路长期处于动作状态，且没有失电告警信号回路。

4 案例分析

4.1 问题描述

某 220kV 线路 C 相故障，纵联保护动作后跳开 C 相断路器，延时 0.7s 后重合闸动作出口，但 C 相断路器并没有合上，线路处于非全相运行状态。由于此时线路负荷电流比较小，达不到非全相零负序的开放条件，所以非全相保护没有立刻动作，线路处于非全相运行状态。45min 后，随着负荷电流变大，零负序电流闭锁条件开放，非全相保护动作跳闸，断路器三相全部分开。在此过程中，C 相断路器的合闸线圈及操作箱合闸插件烧坏，并且整个过程中没有告警信号发出。如图 1 所示为合闸线圈及合闸插件回路图。

 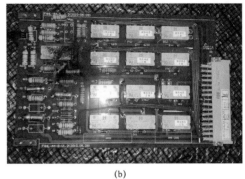

(a) (b)

图 1　合闸线圈及合闸插件烧毁图

(a) 合闸线圈；(b) 合闸插件

4.2　问题分析

（1）合闸插件和合闸线圈烧毁原因分析。合闸回路如图 2 所示。TWJ 为跳位监视继电器，线圈电阻为 7.9kΩ；SHJ 为手合继电器，动作电流为 150mA；R 为分流电阻，SHJ 线圈和 R 的并联等效电阻为 1.7Ω；ZHJ 为重合继电器动作接点；52C 为断路器机构箱内的合闸线圈，电阻值为 110Ω，动作电流 2A；DL 为断路器常闭辅助触点。

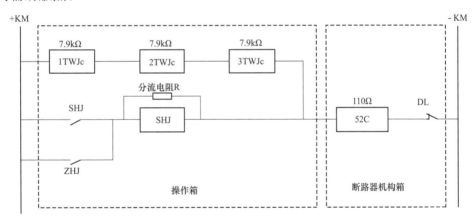

图 2　合闸回路示意图

当断路器跳开后，3 个 TWJ 继电器和合闸线圈 52C 及断路器的辅助触点 DL 沟通合闸回路，由于 TWJ 继电器的线圈电阻远远大于断路器合闸线圈 52C 的电阻，所以回路电压几乎全部分在 3 个 TWJ 继电器上，TWJ 励磁，接点闭合，反映断路器在分位，合闸线圈 52C 不动作。重合闸出口动作后，ZHJ 接点闭合，SHJ 继电器动作接点闭合后，合闸回路自保持。SHJ 继电器为电流型，电阻很小，所以该回路将 3 个 TWJ 继电器旁路，TWJ 继电器会失磁返回。操作电压几乎全部加在由断路器的合闸线圈 52C 上，从而达到合闸线圈的动作电流使断路器动作合闸。如果断路器合闸成功，其辅助触点 DL 断开，合闸回路失电，各继电器则失磁返回。所以，当重合闸出口而断路器合闸不成功后，该合闸回路长期带电，SHJ 和合闸线圈一直处于励磁状态，回路电压主要加在合闸线圈 52C 两端，回路电流长时间超过合闸线圈动作电流，导致合闸线圈发热而烧毁。线圈烧毁后是匝间短路，阻抗基本为零，此时操作电源重新全部加在了 3 个 TWJ 继电器和 SHJ 继电器的并联回路两端，由于 SHJ 继电器回路电阻很小，线圈上流过了远远超过其能够承受的电流，短时间就可将 SHJ 继电器线圈烧断。因此，导致合闸线圈及合闸插件烧毁的直接原因是重合闸出口后断路器因未储能而合闸失败。

（2）未储能及告警信号原因分析。断路器合闸后会马上进行储能，能量储满后，断路器可以保证一次"跳—合—跳"的过程。如果断路器在合闸后没有进行储能，则只能保证一次跳闸。该间隔在之前消缺送电过程中，断路器储能回路的电源已经失电。所以该间隔投入运行后，断路器储存的能量仅够该断路器再跳闸一次，无法再次重合。

本次事故中，在储能电源失电及断路器弹簧未储能时，后台监控系统并没有收到"储能电源消失"和"合闸弹簧未储能"等告警信号，导致监控中心没有及时发现断路器的异常运行状态。其原因是回路设计存在缺陷。

如图 3 所示，断路器的储能电机为直流电动机，三相机构的储能电动机（8M）与储能电动机保护及信号电源（11BM）所采用的直流电源共一路电源。该电源先通过一个隔离开关 1DK 串接空气开关 1ZK 进端子箱，再分别给上述回路使用。

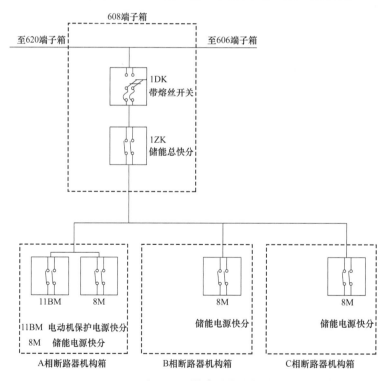

图 3　直流电源供电回路示意图

电机跳闸报警信号使用的是 A、B、C 三相机构箱内的电动机电源空气开关 8M 辅助触点的并联，如图 4 所示。而端子箱内的总电源空气开关及串联的隔离开关并没有失电告警的辅助触点，所以仅当 1DK 或 1ZK 处于跳开状态时，是无法发出电动机跳闸报警信号的。

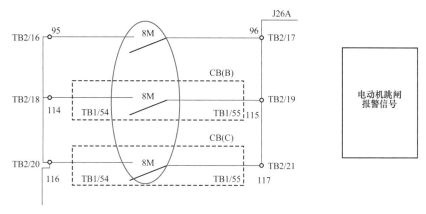

图 4　告警信号示意图

当直流总电源消失后，图 5 中的未储能起动继电器（SPX）无法励磁，合闸弹簧未储能信号取自该继电器的常开触点，如图 6 所示，故该信号无法发出。

另外，SPX 继电器不动作导致储能电源接触器 88M 无法动作，其常闭触点串接在合闸回路上，所以无法断开合闸回路，合闸回路才会长期带电，如图 7 所示。

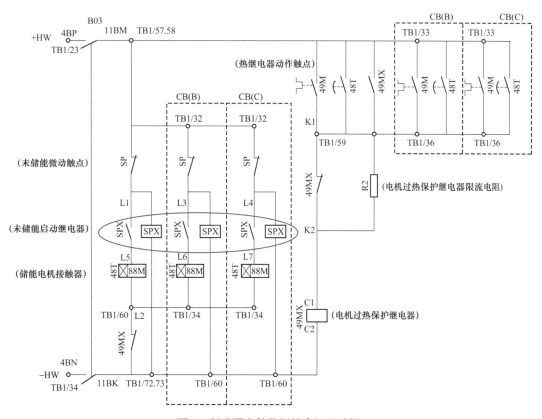

图 5　断路器未储能闭锁合闸回路图

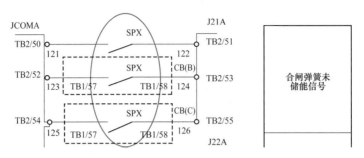

图 6　合闸弹簧未储能信号回路示意图

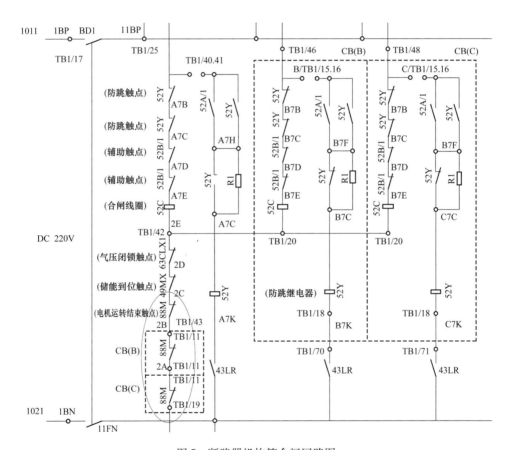

图 7　断路器机构箱合闸回路图

5　监督意见及要求

（1）总进线电源回路上二次熔丝隔离开关串接了空气开关，功能重复，建议只采用空气开关。

（2）失电告警信号回路不完整，不能完整的监视回路电源供电情况。应采用带失电告警辅助触点的空气开关，并将总直流电源进线的空气开关与机构箱内的分空气辅助触点并接起来用于失电告警。

（3）储能电动机保护及信号电源（空气开关 11BM）和储能电动机工作电源共用一路直流电源，失电后无法发告警信号，不能闭锁断路器合闸回路，存在安全隐患。建议将储能电动机保护及信号电源（空气开关 11BM）采用操作电源可以防止此类问题。

报送人员：刘海峰、臧欣。
报送单位：国网湖南电科院。

电压二次回路两点接地导致线路保护拒动

| 监督专业：保护与控制 | 监督手段：故障调查 |
| 发现环节：运维检修 | 问题来源：设备安装 |

1 监督依据

《国家电网公司十八项电网重大反事故措施（修订版）》（国家电网生〔2012〕352号）

2 违反条款

《国家电网公司十八项电网重大反事故措施（修订版）》（国家电网生〔2012〕352号）第15.7.5.1规定：公用电压互感器的二次回路只允许在控制室内有一点接地。

3 案例简介

某220kV变电站一条110kV线路因山火发生了C相间歇性接地短路，线路保护拒动，导致3号主变压器中压侧的零序过电流后备保护越级动作，故障持续4.8s后才被隔离。经检查线路保护拒动原因为110kV Ⅰ母母线电压回路存在两点接地，致使零序电压相位发生偏移，保护装置判别故障在零序过电流方向保护的动作区外。

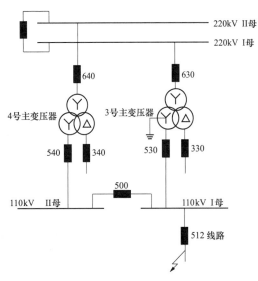

图1　事故前运行方式

4 案例分析

4.1 事故描述

如图1所示，变电站3号主变压器110kV侧运行于Ⅰ母，中性点直接接地运行，4号主变压器110kV侧运行于Ⅱ母，500分段断路器处于合位，512故障线路运行于110kV Ⅰ母母线。

512线路下方发生山火，C相发生间歇性接地故障，持续时间不等，故障录波如图2所示。

事故过程中，线路零序方向过电流保护拒动，导致3号主变压器后备零序过电流和零压闭锁零流保护越级动作。

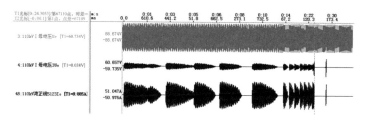

图 2 故障录波图

4.2 故障原因分析

故障处于线路零序方向过电流保护
的动作范围内，而这个保护为方向性的保护，而且装置采用的是自产零序电压，因此，保护拒动的原因可能就是保护装置对采样值的方向判断错误。

现场对故障录波的 110kV Ⅰ、Ⅱ 母自产和外接零序电压波形进行了对比分析，发现 Ⅱ 母自产零序电压（由母线三相 TV 电压经软件矢量相加合成）与 Ⅰ、Ⅱ 母外接零序电压（TV 开口三角电压）波形基本吻合，而 Ⅰ 母自产零序电压却在故障时超前于 Ⅱ 母自产零序电压和 Ⅰ、Ⅱ 母外接零序电压约 80° 角差，相位出现偏移，如图 3 所示。由于线路零序方向过电流保护为方向性保护，依赖于电压和电流之间的相位判断故障，而且故障线路运行于 Ⅰ 母母线，故其保护电压取 Ⅰ 母母线电压，零序电压则采用 Ⅰ 母的自产零序电压。当 Ⅰ 母自产零序电压较故障时的实际零序电压出现 80° 的偏移后，方向元件在计算故障方向时进入不了动作区域，导致保护拒动。

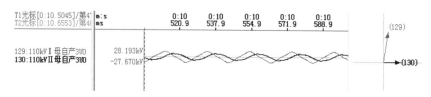

图 3 Ⅰ母自产 $3U_0$ 超前于 Ⅱ 母 80°

而 Ⅰ 母自产零序电压相位发生偏移的原因是该电压回路两端在 TV 本体接线盒和电压并列屏内均进行了接地，从而造成回路两点接地，两接地点之间产生电位差，导致相位发生偏移。如图 4 所示为 TV 电压两电接地现场及其回路逻辑图。

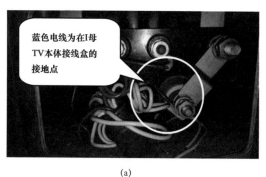

图 4 TV 电压两点接地现场及其回路逻辑图
(a) 现场图；(b) 回路逻辑图

5 监督意见及要求

（1）公用电压互感器的二次回路只允许在控制室内有一点接地，而不应在本体接线盒内接地。已在控制室一点接地的电压互感器二次线圈，宜在开关场将二次线圈中性点经放电间隙或氧化锌阀片接地，其击穿电压峰值应大于 $30I_{max}$ V（I_{max} 为电网接地故障时通过变电站的可能最大接地电流有效值，单位为 kA）。应定期检查放电间隙或氧化锌阀片，防止造成电压二次回路多点接地的现象。

（2）在电气设备安装或验收时，应加强电压回路一点接地的检查。具体方法是在回路的接地点处将接地线解开，用绝缘电阻表测量回路对地的绝缘电阻值，若对地电阻值接近于零，则说明存在多点接地。

报送人员：刘海峰。

报送单位：国网湖南电科院。

二次寄生回路导致线路保护误动

监督专业：保护与控制	监督手段：故障调查
发现环节：运维检修	问题来源：设备设计

1 监督依据

《国家电网公司十八项电网重大反事故措施（修订版）》（国家电网生〔2012〕352 号）

2 违反条款

《国家电网公司十八项电网重大反事故措施（修订版）》（国家电网生〔2012〕352 号）第 15.7.1 条规定：严格执行有关规程、规定及反措，防止二次寄生回路的形成。

3 案例简介

某 220kV 智能变电站一台 110kV 电压互感器 5×14 由检修转运行过程中，运行人员按照操作票执行至合上 5×14 TV 二次快分开关时，3 号主变压器 A 套保护中压侧零序过电压保护误动作。后经检查，原因是 5×14 TV 端子箱内主变压器保护 A 套用电压二次回路的 A、B 相间并接有一电压监视继电器，合上 5×14 TV 二次快分开关时，先合上了合并单元自带的三相快分开关，后合就地 5×14 TV 二次分相快分开关，当合上 A 相快分开关后，通过电压监视继电器的线圈将 A 相电压串接至 B 相，导致主变压器保护产生了超过零序过电压保护定值的自产零序电压而误动。

4 案例分析

如图 1 所示，在 5×14TV 汇控柜内 TV 本体二次回路先经过一组分相快分开关 OVT2 后再经过合并单元的三相联动的快分开关 UK11 进入合并单元，在 OVT2 和

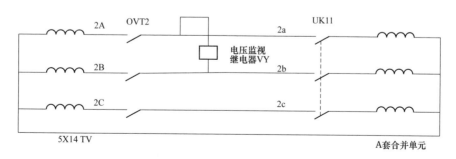

图 1　TV 二次回路示意图

UK11之间的 A、B 相间并接有一电压监视继电器,用于监视电压回路是否失压。保护误动是在母线 TV 一次带电后合二次快分开关的过程中,其操作顺序是先合上三相快分开关 UK11,然后再合分相快分开关 OVT2。当合上 A 相快分开关后,合并单元 A 相有电压,幅值约为 59V,B 相同步出现一个与 A 相电压幅值相位一致的电压,B 相电压为 A 相电压通过电压监视继电器的线圈串接而来。三相电压波形如图 2 所示。

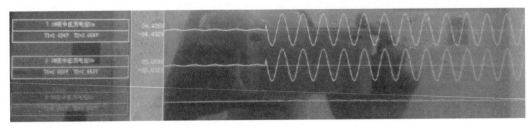

图 2 A 相二次快分合上后三相电压录波图

因该零序过电压保护取的是自产零序电压,电压互感器二次额定为 57.7V,外部开口三角绕组的额定值为 100V,所以保护装置在计算自产零序电压时进行了系数折算。

$$3U_0 = (U_a + U_b + U_c) \cdot \sqrt{3} = (59 + 59) \cdot \sqrt{3} = 204$$

计算值与保护装置的报文记录 203.617V 基本一致,定值为 180V,延时 0.5s。因此满足了保护动作条件而出口跳闸。

而当 B 相快分开关合上后,B 相电压则恢复了正常,三相电压录波图如图 3 所示。

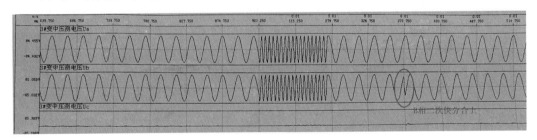

图 3 A、B 相二次快分都合上后三相电压录波图

5 监督意见及要求

(1) 电压监视继电器主要用途是监视计量回路是否失压,便于给出告警信号。保护回路中不应接入电压监视继电器,属于寄生回路,在设计、调试和验收时应予以注意。

(2) Q/GDW 1175—2013《变压器、高压并联电抗器和母保护及辅助装置标准化设计规范》规定零序电压宜取 TV 开口三角电压,而实际虚端子关联的是自产零序电压。建议变压器零序过电压保护取开口三角电压。

报送人员:刘海峰。
报送单位:国网湖南电科院。

智能变电站 SCD 文件配置参数缺失导致
线路保护产生差动电流

监督专业：保护与控制　　　　　监督手段：故障调查
发现环节：设备调试　　　　　　问题来源：设备调试

1　监督依据

《国家电网公司十八项电网重大反事故措施（修订版）》（国家电网生〔2012〕325 号）

2　违反条款

《国家电网公司十八项电网重大反事故措施（修订版）》（国家电网生〔2012〕352
号）第 15.3.14 条规定：智能变电站继电保护相关的设计、基建、改造、验收运行、检
修部门应按照工作职责和界面分工，把好系统配置文件（SCD 文件）关口，确保智能
变电站保护运行、检修、改扩建工作安全。

3　案例简介

　　某 220kV 智能变电站线路投运时 PSL-603UA-FA-G 线路保护装置在两侧保护各自采样
均正确的情况下，出现了较大的差动电流，且随负荷的波动而变化，导致差动保护功能不能
投入正常运行，经检查原因是 SCD 配置文件中缺失了保护装置的私有信息及端口信息。

4　案例分析

4.1　问题描述

　　某智能变电站 220kV 线路保护配置第一套为 WXH-803A 型线路保护，第二套为 PSL-
603UA-FA-G 型。变电站投产线路合环带负荷检查时，PSL-603UA-FA-G 线路纵联差动保护
装置发差流异常告警信号，WXH-803A 线路保护装置则运行正常。其中，WXH-803A 保护
装置显示差动电流约为 10mA，与线路电容电流相符。而 PSL-603UA 保护装置显示差动电流
约为 33mA，线路两侧相位差为 197.5°，与理论值 180°相差较大，而且差动电流和相位差随
负荷电流增大而增大，最高相位差达到 220°。详细数据如表 1 所示。

表 1　　　　　　　　　　　　负荷及差动电流情况

装置名称	相位	差动电流（A）	相位角（角度以 U_a 为基准）	差动电流（A）
许继 WXH-803A 线路保护	A 相	0.053	171.6°	0.01

装置名称	相位	差动电流（A）	相位角（角度以U_a为基准）	差动电流（A）
许继 WXH-803A 线路保护	B 相	0.055	46.76°	0.01
	C 相	0.053	286.91°	0.01
	装置显示对侧 A 相	0.053	345.66°	0.01
	装置显示对侧 B 相	0.055	220.91°	0.01
	装置显示对侧 C 相	0.053	100.91°	0.01
南自 PSL-603UA 线路保护	A 相	0.054	170.98°	0.033
	B 相	0.055	46.76°	0.035
	C 相	0.052	288.23°	0.031
	装置显示对侧 A 相	0.054	27.51°	0.033
	装置显示对侧 B 相	0.055	265.00°	0.035
	装置显示对侧 C 相	0.052	144.22°	0.031

4.2 问题分析

两侧装置各自的采样与实际负荷相符，通过人工比对，实际相位差约为183°，与实际相符，而对侧数据传输到本侧后却产生了相位差，导致装置在采样同步时出现了计算差流，说明装置在对两侧数据进行同步计算时出现错误，而同步问题则与两侧装置各自的采样延时和线路通道传输延时有关。

该智能变电站采用电子式互感器加合并单元的采样方式，合并单元与保护装置之间采用点对点连接，这种采样方式一、二次电流之间会产生一个延时，整个采样过程中延时的包括装置之间的传输延时和各个环节的处理延时，如图1所示。

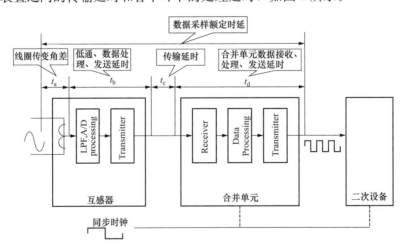

图1 电子式互感器数据采样额定延时

延迟时间 t_{delay} 为

$$t_{delay} = t_a + t_b + t_c + t_d$$

其中 $t_a + t_b$ 为电子式互感器的额定延时。t_c 为数据的传输延时，智能变电站中该部分为点对点光信号传输，采样没有排队过程，且站内距离比较短，延时基本可以忽略不计。t_d 为合并单元的数据处理延时，其大小与 FPGA 的处理频率、报文长度等有直接关系。

点对点采样方式下，t_{delay} 为一固定值，可以精确测量，配置在采样发送数据集的第一个通道中。保护装置通过解析该参数，从而实现延时的补偿。本变电站该额定延时为 $1750\mu s$，折算为相角是 $31.5°$。

对侧装置采用电磁式互感器加模拟量采样的方式，这种采样方式一、二次电流之间可以认为是同步的。由于本侧存在上述延时 t_{delay}，所以若以一次电流为基准，并忽略掉线路电容电流的影响，线路两侧保护装置同一时刻接收到的二次采样值之间本身就存在 $31.5°$ 角差。因此，智能变电站这一侧必须通过算法对该延时进行补偿。

同时，对于线路差动保护，线路对侧保护装置的采样数据通过光纤传输到本侧的通道延时也不能够忽略，一般常采用调整采样时刻法或调整采样序号的方法实现两侧数据的同步。

厂内搭建测试环境进行测试，使用标准配置文件反复验证未发现此现象，使用现场 SCD 配置文件验证能够复现此现象。然后，对现场检查 SCD 配置文件与标准文件进行了对比检查，发现缺少了 PSL-603UA-FA-G 装置的私有信息及端口信息，导致装置配置导出时无法通过工具选择 SV 及 GS 端口，且导出的 SV 配置丢失关键字段。

原 SV 配置 SUB 字段：

```
< SUB_ SMV_ P2P port= " 1" macAddr= " 01-0C-CD-04-00-02" src= " 1" asduNum= " 1" TCI= " 0x200a" appID= " 0x4002" ConfRev= " 0x00000001" Gmrp= " 1" NetAB= " 0x0" desc= " 过程层 SVLD" >
< ASDU ID= " 01" svID= " ML2202BMUSV/LLN0$ SV$ smvcb0" chnNum= " 18" > < /ASDU>
< /SUB_ SMV_ P2P>
```

修改后 SV 配置 SUB 字段：

```
< SUB_ SMV_ P2P port= " 1" macAddr= " 01-0C-CD-04-00-02" src= " 1" asduNum= " 1" TCI= " 0x200a" appID= " 0x4002" ConfRev= " 0x00000001" Gmrp= " 0" NetAB= " 0x0" desc= " 过程层 SVLD" >
< ASDU ID= " 01" svID= " ML2202BMUSV/LLN0$ SV$ smvcb0" chnNum= " 18" shift= " 0" delayChan= " 0x000001" > < /ASDU>
< /SUB_ SMV_ P2P>
```

具体缺失字段如下：

shift：现场不需要调整相角，应设为"0"；

delayChan：额定延时通道在第一个通道，应设为"0x000001"。

delayChan 参数的缺失，使得保护装置在解析采样报文时无法获取通道额定延时参数，故无法进行相位补偿，导致两侧差动保护采样同步时出现角差。

现场手动修改该配置参数，并将修改后的配置文件下装至 CC 插件后，装置恢复正常，带负荷检查数据如表 2 所示。

装置名称	相　　位	差动电流（A）	相位角（角度以 U_a 为基准）
南自 PSL-603UA 线路保护	A 相	0.067	178.41°
	B 相	0.067	53.69°
	C 相	0.061	293.96°
	装置显示对侧 A 相	0.071	4.04°
	装置显示对侧 B 相	0.068	238.87°
	装置显示对侧 C 相	0.065	121.22°
	A 相差流	0.008	/
	B 相差流	0.006	/
	C 相差流	0.009	/

表 2　　　　　　　　　配置文件完善后负荷及差流情况

5　监督意见及要求

（1）强化 SCD 配置文件的管控，明确设计院、系统集成商、设备厂商及调试等各单位的职责。装置投运前，各设备厂家应核对本单位设备 CID 文件和装置端口私有信息的准确性。验收过程中，验收单位也应该注意对装置私有信息的检查。

（2）保护装置出厂联调时，需要进行完整的模拟试验，尤其是采样同步性测试。

报送人员：刘海峰、臧欣。

报送单位：国网湖南电科院。

电流回路 N 线断线导致 110kV 母差保护误动作

监督专业：保护与控制	监督手段：故障调查
发现环节：运维检修	问题来源：设备调试

1 监督依据

《国家电网公司十八项电网重大反事故措施（修订版）》（国家电网生〔2012〕352号）

2 违反条款

《国家电网公司十八项电网重大反事故措施（修订版）》（国家电网生〔2012〕352号）第 15.5.5 条规定：所有差动保护（线路、母线、变压器、电抗器、发电机等）在投入运行前，除应在负荷电流大于电流互感器额定电流 10% 的条件下测定相电流回路和差电流回路外，还必须测量各中性线的不平衡电流、电压，以保证保护装置和二次回路接线的正确性。

3 案例简介

某 220kV 变电站一条 110kV 发生线路单相接地故障，导致 110kV 母差保护误动，造成 110kV 两段母线全部失压。后经检查误动的原因是母差保护电流回路 N 线断线，导致区外故障时母差保护采样出现计算差流。

4 案例分析

变电站一次运行方式接线图如图 1 所示。

故障前变电站各个间隔处于正常运行状态。故障时，变电站正在进行无人值班改造，其中包括 500 母联保护和 110kV 母差保护的改造。原 110kV 母差保护屏交流回路的二次接线为：Ⅰ、Ⅱ 段母线上所有间隔 TA 先按母线接入 Ⅰ、Ⅱ 段母线差动电流端子箱，各自并接后再分别引至差动保护屏。其中 500 间隔 TA 位于 Ⅱ 段

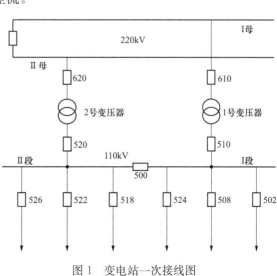

图 1 变电站一次接线图

母线侧，接入Ⅱ段母线差动电流端子箱后单独引入保护屏，其 N 线（N421）与Ⅱ段母线其他间隔和电流回路的 N 线（N310）并接。所以引入母差保护的电流回路共 3 组，分别是Ⅰ段母线和电流、Ⅱ段母线和电流、500 间隔电流回路。如图 2 所示为改造前差动电流回路图。

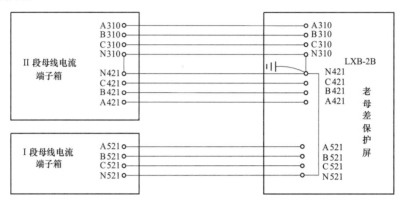

图 2　改造前差动电流回路图

现场进行 500 母联保护屏更换时，调试人员误将 N310 回路在老母差保护屏中拆除掉。而母差保护屏改造时，由于新母差保护屏要求分别接入每个间隔的电流回路，施工过渡过程中老母差保护需要继续运行，调试人员为了使 500 间隔到新母差保护屏的接线一步到位，拆掉了 500 至老母差屏的 4 根连接线 A421、B421、C421 和 N421，从 500 端子箱用一根新电缆经新母差保护屏转接至老母差保护屏。由此，导致 N310 回路断线。如图 3 所示为改造过渡过程中差动电流回路。

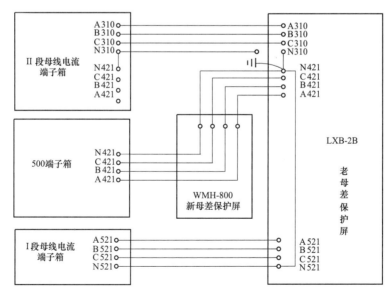

图 3　改造过渡过程中差动电流回路图

由于 N 线开路只影响零序通路，故在正常带负荷检查时二次采用影响很小。N 线断线时，若发生接地故障，零序电流将变成相电流的一部分，二次电流就不能正确地反映一次电流，导致区外故障时出现差动电流而误动。差动保护 TA 二次电流回路图如图

4 所示。

当线路上发生 A 相接地故障时，A 相 TA 的二次回路上将产生短路电流。如果 N 线未断线，短路电流通过 T-A 与 T-N 返回到 A-TA，因此 $i_A = i_N = i^{(1)}$，$i_B = 0$，$i_C = 0$，其中 $i^{(1)}$ 为单相接地短路电流。对于母差保护，由于是区外故障，短路电流为穿越性电流，三相差流均为零，差动保护不会出口。当 N 线断线或不通时，T-N 回路上没有电流流过，即 $i_N = 0$，短路电流经过 T-B 和 T-C 返回 A-TA。如果两个回路阻抗相当，那么 $i_A = i_N = i^{(1)}$，$i_B = -i^{(1)}/2$，$i_C = -i^{(1)}/2$。对于母差电流保护而言，将会在 B、C 相上形成计算差动电流，差动电流大小为短路电流的一半。如果该差动电流达到差动动作整定值，且区外故障时母差保护的复合电压闭锁满足开放条件，那么就会造成差动保护的误动作出口。

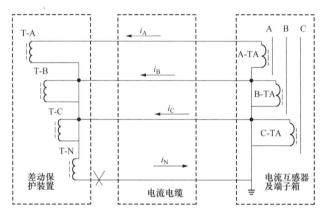

图 4 差动保护 TA 二次电流回路图

母差电流 N 线断线在遇到区外单相接地故障时会误动，相间短路接地可以认为是两个单相接地短路故障的叠加，因此，在 N 线未断线情况下，N 线有故障电流通过。以 AB 相短路接地为例，有 $i_A = i^{(2)}$，$i_B = i^{(2)}e^{-120}$，$i_C = 0$，$i_N = i_A + i_B + i_C = i^{(2)}e^{-60}$，其中 $i^{(2)}$ 为短路电流。区外故障时流经母差保护的短路电流为穿越性电流，母差保护三相差动电流为零，差动保护不会出口。如果 N 线断线，$i_N = 0$，原公共线上的电流经过 T-C 回到 TA 与 TB，因此 $i_C = -i^{(2)}e^{-60}$，母差保护 C 相就有计算差动电流的产生而误动。同理，在 N 线断线情况下，如果区外 AC 相接地故障，母差保护 B 相会产生差动电流，区外 BC 相接地故障，母差保护 A 相会产生差动电流。

通过上述分析计算可知：接地短路故障时会在 N 线上产生电流，一旦 N 线断线，就会形成差动电流，导致保护误动。因此，当发生区外三相短路、三相对称性接地短路和非接地性相间短路时，由于 N 线无电流产生，N 线断线不会造成差动保护误动；当发生区外非对称性接地故障时，电流 N 线断线将会引起保护误动；当发生区内非对称性接地故障时，N 线断线也会对母差保护的动作行为带来负面影响，此时母差保护将不能准确判断故障相别。

5 监督意见及要求

（1）加强继电保护改造方案和现场实施及过渡方案的编制及审查。在改造施工过程中，尤其要注意不得影响公共回路，防止过渡阶段出现保护装置的误动和拒动。

（2）设备调试应高度重视带负荷检查。严格按照《国家电网公司十八项电网重大反事故措施（修订版）》要求，测量时要特别注意对每一组差动回路的 N 线电流进行测量并分析。

报送人员：臧欣、凌冲 方琼。

报送单位：国网湖南电科院、国网湖南省益阳供电分公司。

操作回路接线错误导致断路器 SF₆ 压力低闭锁失效

监督专业：保护与控制	监督手段：故障调查
发现环节：运维检修	问题来源：设备安装

1 监督依据

GB/T 50976—2014《继电保护及二次回路安装及验收规范》

2 违反条款

GB/T 50976—2014《继电保护及二次回路安装及验收规范》第 5.5.4 条规定：断路器气压、液压、SF₆ 气体压力降低和弹簧未储能等禁止重合闸、禁止合闸及禁止分闸的回路接线、动作逻辑应正确。

3 案例简介

某变电站 220kV 线路发生 C 相接地故障，线路保护 C 相跳闸出口后重合于故障，线路保护后加速动作跳闸，SF₆ 气体低气压闭锁继电器动作，闭锁了断路器跳闸回路，导致断路器跳闸失败，并启动 220kV 失灵保护，而失灵保护却在 SF₆ 气体压力低闭锁跳闸的触点未返回，动作跳开线路断路器，压力低闭锁回路又未能正确闭锁断路器的分闸。后经检查发现，失灵保护动作时，断路器 SF₆ 气体低压闭锁失效原因是该断路器操作回路接线错误。

4 案例分析

断路器型号为 LW10B-252。由于该断路器无法实现 SF₆ 低压就地闭锁功能，所以压力闭锁由断路器操作箱实现，回路接线如图 1 所示。

其中，TR 为线路保护装置永跳出口触点，CK8 为母线失灵保护跳该断路器的出口触点，TJR 为断路器操作箱永跳继电器，2TJR1、2TJR2、2TJR3 为接入分相跳闸回路的永跳继电器辅助触点。

1YJJ 为断路器操作箱内 SF₆ 压力低闭锁跳闸继电器的常开触点，该继电器为重动继电器，由压力异常禁止操作继电器 4YJJ 控制。如图 2 所示为操作箱压力闭锁回路原理图，4YJJ 按正常不励磁工作方式接线。断路器压力监视触点接在 4n16 与 4n3 之间，若断路器压力正常，压力监视触点断开，则本操作箱带电时，4YJJ 不动作；若断路器压力异常，压力监视触点闭合，则 4YJJ 动作。4YJJ 触点并联在 1YJJ 线圈两端，当压力降低至不允许操作时，4YJJ 动作，其常开触点闭合，使 1YJJ 返回，从而实现对断路器跳合闸的闭锁。

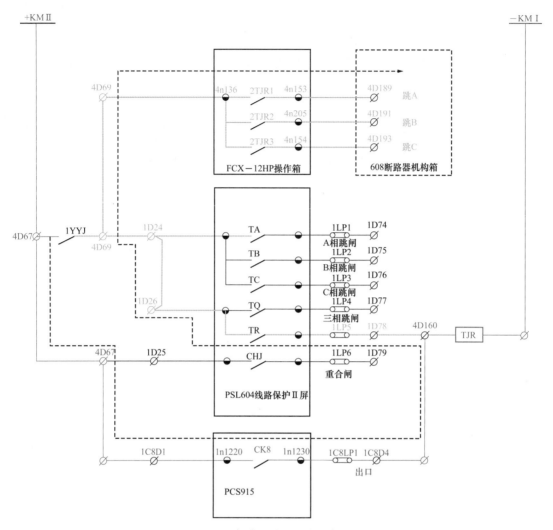

图1 断路器跳闸回路示意图

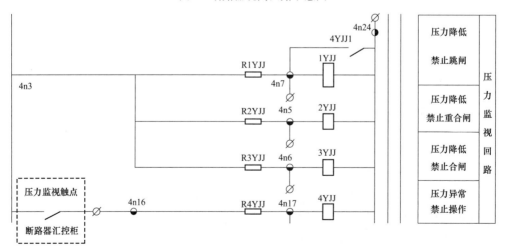

图2 操作箱压力闭锁回路原理图

在本次故障过程中，断路器重合于故障后，跳闸回路动作过程可分为 3 个阶段：

（1）断路器 SF_6 密度继电器动作，压力低常闭触点 1YJJ 由合到分，闭锁了跳闸回路。

（2）线路保护后加速动作后，永跳触点 TR 由分到合，但此时 1YJJ 为分位，断路器跳闸回路不通，故断路器无法跳开；同时，线路保护启动失灵，由于故障一直存在，故保护一直处于动作状态，TR 接点合位状态一直保持到失灵保护动作跳开该断路器。

（3）失灵保护动作后，PCS915 母差保护 II 屏中的母差失灵保护装置的 CK8 出口触点由分到合，图 1 中的 4D160 带正电位，启动永跳继电器 TJR，使得接入各相跳闸回路的 TJR 辅助触点 2TJR1、2TJR2、2TJR3 闭合。由于此时 TR 触点是闭合状态，导致通过 4D67—1C8D4—4D160—1D26—1D24—4D69—4D189/4D191/4D193，沟通了分闸回路，跳开该断路器，如图 1 虚线所示。从而形成了实质上的寄生回路，绕过了 1YJJ 压力低闭锁跳闸的触点。

由以上断路器操作回路动作过程可见，由于线路保护装置永跳 TR 触点与操作箱 TJR 分相跳闸触点共用公共端，在线路发生永久性故障并且失灵保护动作时，SF_6 低气压闭锁跳闸触点起不到闭锁作用。断路器在 SF_6 密度降低时动作会导致灭弧失败而损坏断路器，严重情况下甚至会引起断路器爆炸。

对于该问题，建议线路保护装置三跳（TQ）和永跳触点（TR）的公共端直接接至操作回路电源正端，与操作箱分相跳闸回路公共端分开，TJR 继电器虽然不经压力闭锁，但 TJR 继电器触点并接在经压力闭锁的跳闸回路中，仍能可靠闭锁。更改后的断路器跳闸回路如图 3 所示。

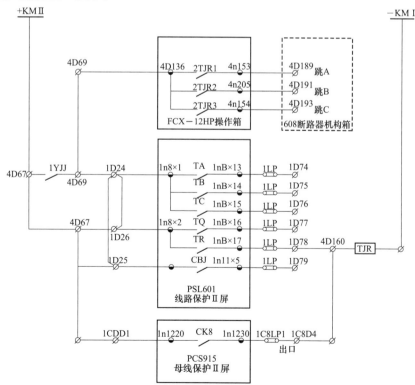

图 3　更改后的断路器跳闸回路示意图

5　监督意见及要求

（1）压力低闭锁跳合闸原则上应在就地机构箱内通过回路实现，原理简单，实现可靠；对于无法实现就地闭锁的断路器，需注意保护装置的三跳和永跳出口直接接在正电位的公共端处，且与操作箱分相跳闸出口触点的公共端分开，以防止形成寄生回路。

（2）完善整组试验项目。对于回路逻辑连接关系，应通过整组试验逐个回路进行验证，如针对本案例验证线路保护启动失灵保护后，失灵保护动作情况下的低气压闭锁逻辑，以确保回路逻辑的正确性。

报送人员：许立强、敖非。

报送单位：国网湖南电科院。

220kV 线路启失灵回路错误导致母差失灵保护误动

监督专业：保护与控制　　　　监督手段：故障调查
发现环节：运维检修　　　　　问题来源：设备安装

1　监督依据

《国家电网公司十八项电网重大反事故措施（修订版）》（国家电网生〔2012〕352 号）

2　违反条款

《国家电网公司十八项电网重大反事故措施（修订版）》（国家电网生〔2012〕352 号）第 15.7.1 条规定：严格执行有关规程、规定及反措，防止二次寄生回路的形成。

3　案例简介

某 500kV 变电站某 220kV 线路开关、母联开关、分段开关同时跳闸。检查发现线路保护启失灵回路存在接线错误，导致发生 220kV 母线保护于故障后 250ms 出口跳开母联和分段开关，同时该线路失灵保护中有跟跳逻辑，也于 250ms 跟跳永跳继电器，TJR 启动远方跳闸将对侧开关跳开。

4　案例分析

4.1　保护动作情况分析

保护装置动作情况为：220kV 线路双套线路保护远方跳闸出口；220kV 第一套母差保护（含失灵）支路 4 跟跳、失灵跳分段 2、失灵跳母联。保护装置动作报文整理如表 1 所示。

表 1　　　　　　　　　　　　保 护 动 作 报 文

相对时间（ms）	第一套线路保护	第二套线路保护	220kV 南母东段第一套母差保护
004		保护启动	
015		纵联阻抗发信	
280			支路 4 跟跳 失灵跳母联 失灵跳分段 2
295		远方跳闸开入	
298	发远跳		
330	远方启动跳闸		
332		远方跳闸出口	

从以上保护动作报文可以看出，本次保护动作过程为 220kV 南母东段第一套母差保护中失灵保护动作跳线路开关、母联开关、分段开关，两套线路保护远跳开入有变位，并向对侧发远跳令。

检查 220kV 南母东段第一套母差保护的失灵启动开入（支路 4）在故障时确有变位，对线路保护的失灵启动回路进行了详细的检查，发现第一套线路保护 A 相动作触点被短接，图纸显示应短接 1D29 与 4D71，而现场实际接线是 1D30 与 4D71 短接，导致 TJA 接点级直接短路。只要 SLA-2 接点闭合，即可启动失灵如图 1 所示。

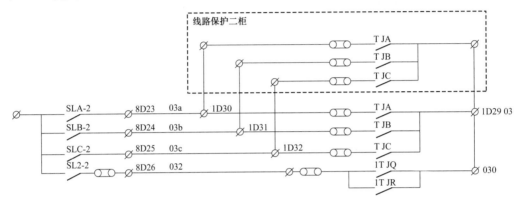

图 1　启动失灵回路图纸

检查故障录波图，发生故障时，线路 A 相故障电流为 0.29A，B 相故障电流2.95A，C 相故障电流为 0.05A（以上均为二次值），失灵启动电流定值为 0.19A，失灵跟跳及母联（分段）动作时间定值均为 0.25s，A 相故障电流已达到定值。

4.2　误动情况总结

依据上述情况分析 220kV 线路失灵保护误动情况为：保护动作触点或操作箱三跳触点被短接，如图 2 所示。即只要启动失灵电流条件满足，220kV 母差（含失灵）保护就会收到开入，如电压和时间条件满足，该保护就会误动。正常时系统大部分故障均被快速切除（0s），失灵保护其实已有启动失灵的开入，只是未达到动作时间，故未误动。

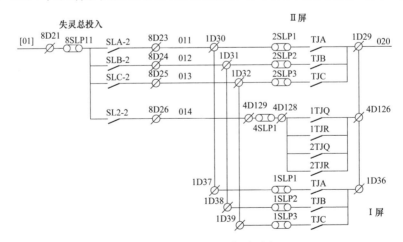

图 2　启动失灵回路原理图

5 监督意见及要求

（1）失灵保护由断路器辅助保护、两套线路保护、压板及二次回路构成，其综合检验的核心要求是"分步""分段""分条件""逐压板"，以便验证其唯一性和正确性，防止出现寄生回路。继电保护人员检验失灵保护时不能漏项、不留死角。

（2）失灵保护误动作后影响较大。为防止失灵保护误动作引发的电网安全事件，需要各级继电保护人员要有高度责任心和严谨的工作态度，避免人为责任故障的发生。

（3）各级继电保护人员要高度重视二次回路设计审查、基建施工、投运验收和新安装一年后的全部检验工作，发现问题及时整改防止二次寄生回路隐患造成保护误动、拒动事件。

报送人员：张文博、王莉、曹甦惠、柳鑫、安百峰、曹东。
报送单位：国网河南检修公司。

线路保护出口压板定义错误导致保护拒动

監督专业：保护与控制　　　　監督手段：例行试验
发现环节：运维检修　　　　　　问题来源：设备安装

1　监督依据

Q/GDW 1161—2014《线路保护及辅助装置标准化设计规范》

2　违反条款

Q/GDW 1161—2014《线路保护及辅助装置标准化设计规范》第 4.3.13a）条中规定：压板设置遵循"保留必需，适当精简"的原则。

3　案例简介

某 500kV 变电站进行线路保护定检时，发现在光纤差动保护及远跳柜中，1ZLP13、1ZLP15 两处出口压板定义错误。

4　案例分析

4.1　缺陷情况分析

1ZLP13 压板原名为远跳发信出口，其字面意义为该远跳保护动作后通过该压板向对侧线路保护发出发信（FX）命令，而实际检验过程中发现该压板并无此功能。经试验验证，该压板的实际作用为：当该线路光差保护收到对侧发信命令时，通过该压板向本套远跳保护发收信（SX）命令。若该压板没有投入，而此时对侧过电压保护动作，本侧因无法收到对侧保护的发信令而拒动，导致故障范围增大，造成重大安全事故的发生。

1ZLP15 压板原名为远跳发信启动录波，其字面意义为该远跳保护动作发信（FX）后，通过该压板启动故障录波器，而实际检验过程中发现该压板并无此功能。经试验验证，该压板的实际作用是当该线路光差保护收到对侧发信命令时，通过该压板向本线路故障录波器发收信（SX）命令。若该压板没有投入，而此时对侧过电压保护动作，会导致故障录波器无法启动，这将会影响对事故原因的正确分析及判断。

4.2　现场处理情况

依据上述情况分析，技术监督及检修人员对远跳发信出口回路与远跳发信启动录波回路进行排查，情况如下：

（1）根据图纸对远跳发信出口回路进行检查，针对该出口功能进行实际传动，发现该压板不能实现向对侧线路发信。实际上，当线路保护收到对侧发信命令时，通过本压板的投退，可以控制对侧发信的开入。

（2）对远跳发信启动录波回路进行接线和电位检查，发现回路接线与图纸一致，然而进行传动试验时，远跳装置发信后并未启动录波器，而是通过收到对侧发信，该压板控制录波启动。

（3）工作人员将该两处压板进行了正确定义，其中 1ZLP13 压板被重新命名为远跳收信出口，将 1ZLP15 压板重新命名为远跳收信启动录波，定义错误的压板如图 1 所示。

图 1　定义错误的压板

5　监督意见及要求

（1）新设备安装调试及验收时，应严格执行反措要求，对压板名称进行严格管理。并通过完整的整组试验和检查，对压板的功能和命名一一确认。在投运前，应向运行人员进行完备的技术交底。

（2）为避免再发生类似的情况，建议制定压板统一命名规则。以有利于变电运维人员理解为原则，统一继电保护压板命名。变电站内同类继电保护设备、相同保护原理、相同功能和作用的保护压板应统一命名。压板名称实行"压板编号＋压板名称"双重编号，压板名称宜不超过 10 个字；压板名称过长时，在不影响理解的前提下可简化。不会造成混淆的出口压板可不注明开关编号，例如单独组屏的线路保护跳本线路开关；可能造成混淆的出口压板必须注明开关编号，例如主变压器保护、母线保护、联跳出口等。对于双跳闸线圈的开关，应注明跳闸 1（第一组跳闸）、跳闸 2（第二组跳闸）。重合闸有长延时、短延时功能时，应分别标注清楚。备用压板标签框不能为空，应标注为备用。

报送人员：张文博、王莉、曹甦惠、柳鑫、刘霄扬、蒋亚。
报送单位：国网河南检修公司。

站用变压器直流母线倒闸操作错误导致直流电源失电

监督专业：保护与控制　　　　监督手段：故障调查
发现环节：运维检修　　　　　问题来源：运维检修

1　监督依据

《国家电网公司十八项电网重大反事故措施（修订版）》（国家电网生〔2012〕352号）

2　违反条款

《国家电网公司十八项电网重大反事故措施（修订版）》（国家电网生〔2012〕352号）第15.1.2.6规定：两组蓄电池组的直流系统，应满足在运行中二段母线切换时不中断供电的要求，切换过程中允许两组蓄电池短时并联运行，禁止在两系统都存在接地故障情况下进行切换。

3　案例简介

某220kV变电站站用变压器进行停电检修时，运行人员在两电三充接线方式下对直流电源系统进行倒闸操作时，因操作错误，将馈线屏把手打至停止位置，而未切至另一段母线。导致站用电停电检修时，直流充电屏的两路交流电源在切换过程中，直流母线短暂失电，该直流母线段所带保护装置失电重启。

4　案例分析

某220kV变电站直流电源系统为三台充电装置、两组蓄电池组的供电方式。每组蓄电池和充电装置分别接于一段直流母线上，第三台充电装置为备用装置，可在两段母线之间切换，任一工作充电装置退出运行时，需手动投入第三台充电装置。三台充电装置分别置于三块充电屏上，每块充电屏均有两路分别来自1、2号站用变压器的交流输入电源，可自动切换。正常运行时两电三充直流系统接线方式如图1所示。

1号站用变压器停电检修，运维人员误认为1号站用电停电将造成1号充电屏失电，所以将1号馈线屏负荷切至由3号充电屏供电。

在操作过程中运维人员先将3号充电屏把手由0处切至Ⅰ段直流母线，后将1号充电屏把手由Ⅰ段直流母线切至0处。按此方式切换后直流Ⅰ段母线上所带负荷仅由3号充电屏供电，脱离了两组蓄电池。在1号站用变压器停电检修时，3号充电屏的两路交流输入电源会从1号站用电切换至2号站用变压器，切换过程中会短暂失电，导致3号充电屏直流输出短时中断，直流母线Ⅰ段短暂失电，从而造成该段母线上的负荷包括保护装置全部失电。同时此方式下还存在交流电源故障造成直流Ⅰ段母线失电风险。故障时刻接线方式如图 2 所示。

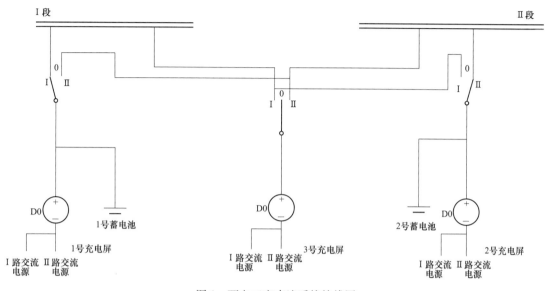

图 1　两电三充直流系统接线图

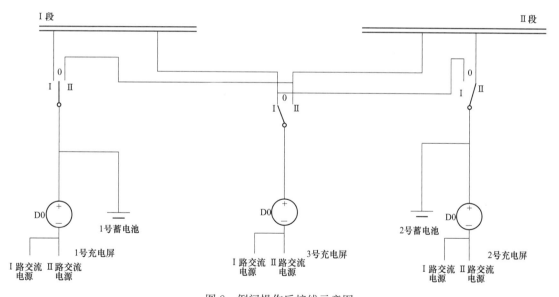

图 2　倒闸操作后接线示意图

实际直流电源系统存在交流失电自动切换回路，且分别从 1、2 号站用变压器提供两路独立交流电源，Ⅰ路站用电源停电直流充电模块会自动切至Ⅱ路交流电源供电，所以对直流充电屏并无影响，不需进行此倒闸操作。

5　监督意见及要求

（1）两电三充接线方式下，某一台站用变压器退出运行或检修时，由于充电屏均有两路来自不同站用变压器的交流输入电源相互切换，所以不需要进行直流母线倒闸操作。

（2）两电三充接线方式下，3 号充电装置为备用充电装置，可在两段母线之间切换，任一工作充电装置退出运行时，需手动投入第三台充电装置。其过程是先投入备用充电装置，才允许退出运行充电装置。

（3）因为备用充电装置所在的充电屏无蓄电池并接，若长期单独由备用充电装置供电，当交流系统发生异常时，容易导致该段直流母线失电，所以备用充电装置不宜长期投入。

报送人员：敖非。
报送单位：国网湖南电科院。

变电站蓄电池开路导致保护误动

监督专业：保护与控制　　　　　监督手段：故障调查
发现环节：运维检修　　　　　　问题来源：运维检修

1　监督依据

Q/GDW 11078—2013《直流电源系统技术监督导则》

Q/GDW 11310—2014《变电站直流电源系统技术标准》

2　违反条款

Q/GDW 11078—2013《直流电源系统技术监督导则》第 5.9.2 条规定：蓄电池组若经过三次放充电循环应达到蓄电池额定容量的 80 % 以上，否则应安排更换。

Q/GDW 11310—2014《变电站直流电源系统技术标准》第 5.8.2 条规定：每套充电装置应有两路交流输入，互为备用，自动切换。每路交流输入应来自所用电不同的低压母线。

3　案例简介

某 220kV 变电站的一条 110kV 线路户外电缆终端头发生 A 相接地故障，引起站用电电压降低，直流充电机输出短时闭锁，全部直流负荷转为蓄电池供电。由于 I 号蓄电池组整体容量低于 80%，且个别蓄电池内阻严重超标，在直流负荷的冲击下蓄电池开路，站内直流 I 段失电，由该段直流母线供电的全部装置断电重启，并引起 3 条 220kV线路保护误动。

4　案例分析

4.1　故障前运行方式

如图 1 所示，两台主变压器并列运行，1 号主变压器中性点接地，220kV Ⅰ、Ⅱ 母线各带三条 220kV 线路运行；1 号站用变压器接于 10kV Ⅰ 母带全站站用负荷，2 号站用变压器接于 10kV Ⅱ 母热备用，380V 采用进线备投的方式。

4.2　故障分析

第一次故障为 110kV 516 线路户外电缆终端头 A 相发生接地故障，线路保护动作，并在故障发生 90ms 左右将故障切除。故障为近区短路，导致 380V 站用电 A 相下降至 40V 左右。由于故障前由 1 号站用变压器带全站站用负荷，2 号站用变压器热备用，380V 采用进线备投方式，所以直流充电屏的两路 380V 交流输入电源均由 1 号站用电供电。

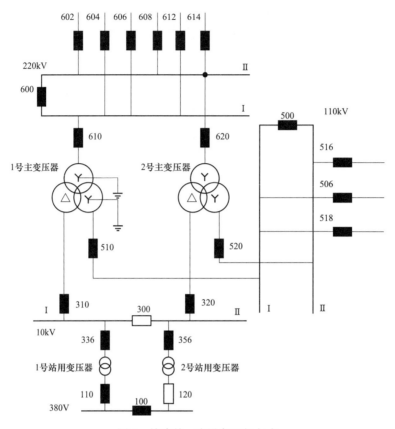

图1　故障前一次设备运行方式

两路交流输入均出现异常后，充电机自动闭锁输出，时间持续约4.3s。现场使用调压器和负载箱模拟故障情况进行了试验验证：当充电机交流输入电压单相大幅降低时充电机会闭锁输出，待输入电压恢复正常4～5s后充电装置恢复正常输出。在直流充电机闭锁输出后由蓄电池继续供电，但Ⅰ组蓄电池并没有及时带起相应的负荷，导致直流Ⅰ段母线失压，Ⅱ组蓄电池则顺利转入运行。经检查，Ⅰ、Ⅱ组蓄电池的容量并不满足要求，在此前的容量核对性放电试验结果表明，Ⅰ号蓄电池容量仅为50%，Ⅱ号蓄电池容量仅为70%，内阻测试报告中两组蓄电池的内阻测试值都不均衡且个别单体蓄电池内阻超均值数倍，结果不满足标准要求。故障发生后现场对蓄电池进行检测发现，Ⅰ号蓄电池组49号和69号蓄电池已经开路，检查最近的内阻测试数据表明，故障蓄电池组多只单体电池内阻值已明显异常，整组蓄电池内阻均值在0.8mΩ左右，其中49号单体内阻值为19.7mΩ，85号单体内阻值为19.5mΩ，单体内阻值已达整组蓄电池内阻均值的10余倍，表明此蓄电池组已存在"虚开"现象。因此直流Ⅰ段母线在Ⅰ号充电机闭锁后带上大负荷，"虚开"蓄电池中极柱下方已被腐蚀、老化开裂的汇流排在大电流的冲击下断裂造成开路而失电；查阅相关试验报告数据，Ⅱ号直流蓄电池组同样存在"虚开"现象，但运行状况比Ⅰ号蓄电池组稍好，且所带直流负荷比直流Ⅰ段母线小，因此Ⅱ号蓄电池组在Ⅱ号充电机闭锁的4.3s内短暂支撑起了直流Ⅱ段所带负荷。

直流Ⅰ段失电后，接在该母线段上的所有装置均失电重启，包括220kV TV并列屏，并引起保护装置用母线电压失压。

220kV TV列屏电压并列回路原理图如图2所示，Ⅰ母、Ⅱ母两组母线二次电压分别通过各自TV隔离开关辅助触点重动实现二次电压隔离，从图中看到，Ⅰ母切换、Ⅱ母切换及TV并列重动继电器均接自直流Ⅰ段电源。

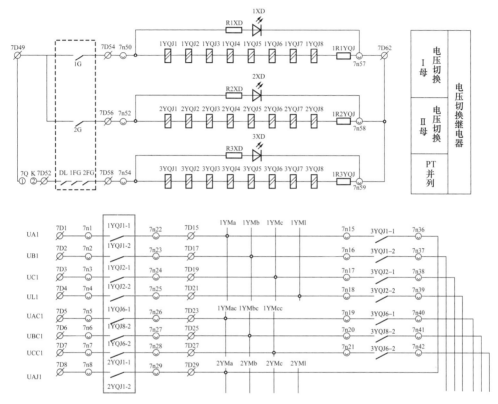

图2　220kV TV并列屏电压并列回路原理图

故障前220kV母线TV分列运行，其隔刀辅助触点1G、2G闭合，因此Ⅰ母、Ⅱ母电压切换继电器均处于励磁状态，其常开触点（图2中实线框内触点）也处于导通状态，此时Ⅰ母、Ⅱ母TV二次电压均能送至二次设备。当第一段直流母线失电后，两组电压切换继电器均返回，其常开触点也相应断开，因此电压二次回路被断开，导致母线TV二次电压消失了4.3s左右，直到线路故障切除，站用电恢复正常，直流充电机解除闭锁，直流系统重新由充电机供电。如图3所示为故障时220kV母线电压录波图。

当TV二次母线电压失压后，220kV线路保护装置测到的母线二次电压为零，测量阻抗接近阻抗平面原点，导致由直流Ⅱ段供电的3条220kV线路保护B套的距离后备段保护误动作。

5　监督意见及要求

（1）正常运行时，应采取两台站用变压器分别由两台主变压器供电且分列运行方

图 3 故障时 220kV 母线电压录波图

式，380V 交流电源应采用分段备投的方式。

（2）重视蓄电池核对性充放电试验和单体蓄电池内阻测试。按照《国家电网公司十八项电网重大反故障措施》5.1.2.8 要求，新安装的阀控密封蓄电池组，应进行全核对性放电试验；以后每隔两年进行一次核对性放电试验；运行了四年以后的蓄电池组，每年做一次核对性放电试验。运维检修人员应定期对蓄电池进行内阻测量，220kV 变电站宜每季度开展一次，110kV 变电站宜每半年开展一次。对于蓄电池组容量不足 80%，以及内阻值超标的单体蓄电池数量达到整组 20% 的蓄电池组应及时进行改造更换。

报送人员：敖非。
报送单位：国网湖南电科院。

220kV 变电站自动化用逆变电源缺陷导致事故信号缺失

监督专业：自动化与安全防护　　监督手段：故障调查
发现环节：运维检修　　　　　　问题来源：运维检修

1 监督依据

《国家电网公司十八项电网重大反事故措施（修订版）》（国家电网生〔2012〕352号）

DL/T 1074—2007《电力用直流和交流一体化不间断电源设备》

2 违反条款

《国家电网公司十八项电网重大反事故措施（修订版）》（国家电网生〔2012〕352号）第16.1.1.4条规定：发电厂、变电站远动装置、计算机监控系统及其测控单元、变送器等自动化设备应采用冗余配置的不间断电源（UPS）或站内直流电源供电。具备双电源模块的装置或计算机，两个电源模块应由不同电源供电。

DL/T 1074—2007《电力用直流和交流一体化不间断电源设备》第5.2.3条中规定：INV旁路输出切换为逆变输出的总切换时间≤10ms。

3 案例简介

某220kV变电站发生故障引起主变压器跳闸，站用电失电，故障过程中综自系统和地调主站与事故相关的保护动作信号、开关变位信号几乎全部缺失。调查发现该站自动化设备不满足双电源冗余配置要求，且仅有的逆变电源切换时间不满足规程要求，导致站用变压器失电压后，UPS电源系统逆变输出短时中断，综自系统、数据网设备失电，使得就地后台和远方监控均无法收到事故时刻的遥信信号。

4 案例分析

远动机电源取自直流馈线屏，综自后台服务器、数据网交换机、路由器二次安全防护设备的电源均取自UPS电源屏内单套配置的逆变电源。正常运行时UPS系统由外接交流电源供电，而事故导致外接交流380V电源失电。按照UPS电源系统的配置，供电电源应无缝切换到直流逆变输出供电，以满足供电负荷不断电的要求。而实际上外接380V电源失电后，UPS系统的供电电源并没有在允许的时间内切换到直流系统供电，导致供电负荷断电。逆变电源联系图如图1所示。

现场对UPS电源系统进行了模拟切换试验，拉开逆变电源的交流输入空气开关，其交流输出电压表指示由 230V 立即到 0，间隔 2s 后，才重新回至 230V。此时，综自系统的服务器已失电关机（服务器断电后不能自启动），调度数据网路由器也重启。逆变电源从交流旁路输出切换至直流逆变输出的旁路转换时间远超过标准要求。综自系统服务器关机导致其无法收集到各间隔在事故时上送的相关遥信、保护信号。路由器的重启使得仅有的 104 数据网通道短时中断，导致监控中心无法采集到事故发生时刻的相关信号。

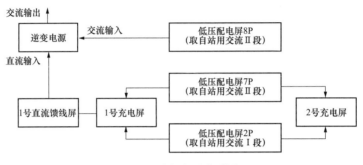

图 1 逆变电源联系图

5 监督意见及要求

（1）新、改、扩建 220kV 及以上变电站应按《国家电网公司十八项电网重大反事故措施（修订版）》第 16.1.1.4 条规定，配置两路交流电源或冗余 UPS。

（2）加强对自动化设备供电电源的运维管理。对已投运的 UPS 装置，定期开展切换试验，确定 UPS 装置功能正常；对已损坏或不满足运行要求的 UPS 装置应尽快进行更换。

报送人员：李振文。
报送单位：国网湖南电科院。

220kV 变电站测控装置同期参数设置
不当导致远方遥控不成功

监督专业：自动化		监督手段：故障调查	
发现环节：运维检修		问题来源：设备调试	

1 监督依据

DL/T 5149—2001《220kV～500kV 变电所计算机监控系统设计技术规定》

2 违反条款

DL/T 5149—2001《220kV～500kV 变电所计算机监控系统设计技术规定》第 6.5.1 条规定：计算机监控系统应具有同期功能，以满足断路器的同期合闸和重合闸同期闭锁功能。

3 案例简介

某地区电网先后发生三起 220kV 开关远方遥控合闸不成功事件。调查原因均为测控装置同期参数设置不当，导致测控装置遥控同期合闸条件不满足从而无法出口。

4 案例分析

现场测控屏有一块强制合闸硬压板，处于投入状态，测控装置的同期功能相关参数如表 1 所示。

表 1　　　　　　　　　测控装置参数设置

序号	控制字/定值名称	现场定值
1	断路器母线侧输入额定二次电压（57.74V／100V）	57.74V
2	断路器线路侧输入额定二次电压（57.74V／100V）	57.74V
3	相角补偿使能（1：有补偿，0：无补偿）	0
4	相角补偿钟点数（母线侧电压 Ua 为长针，线路侧电压 Usa 为短针，对应钟点数）	0
5	自动合闸方式（0：自动判断，1：无电压，2：有电压，3：无条件合）	0

该测控装置同期采用的是自动合闸方式，即在两侧电压都有压的时判检同期，在两侧都无压或单侧无压时转为判检无电压，两侧电压的额定值均设置为 57.74V。当两侧电压差、频率差、相位差都在允许范围内时（$\Delta U \leqslant 5.77\text{V}$、$\Delta f \leqslant 0.5\text{Hz}$、$\Delta \delta \leqslant 30°$），

同期条件满足，测控装置发合闸脉冲。而测控装置的同期电压取自线路 TV，实际抽头电压为 100V，与测控装置中"断路器线路侧输入额定二次电压"设置不符，从而无法满足同期判断条件中的两侧电压差条件（$\Delta U > 5.77$V），导致遥控失败。后将装置该参数修改为 100V 后，同期合闸成功。

目前测控装置的同期参数定值缺乏规范的整定、审批、下发流程，专业管理体系不健全，基本沿用投运时工程人员设定值（往往是出厂默认值），而且不同厂家参数设置和压板设置并不相同，如果设置与实际情况不符，很有可能导致遥控合闸不成功。

5　监督意见及要求

（1）建立测控装置重要参数档案，规范测控参数的整定、审批、下发、回执流程，实现测控装置同期参数调整的闭环管理。

（2）加强调试和投产验收环节的参数核查，确保实际接线与参数整定的一致性，保证同期功能正常可用。

报送人员：李振文。
报送单位：国网湖南电科院。

110kV 测控装置误发分闸信号导致断路器分闸

监督专业：自动化　　　　　　监督手段：故障调查
发现环节：运维检修　　　　　　问题来源：设备制造

1 监督依据

Q/GDW 427—2010《智能变电站测控单元技术规范》

2 违反条款

Q/GDW 427—2010《智能变电站测控单元技术规范》第 4.2.1 条中规定：测控单元基本功能：b）应具有选择—返校—执行功能，接收、返校并执行遥控命令；接收、执行复归命令、遥调命令。

3 案例简介

某 220kV 变电站的一个 110kV 间隔断路器在没有任何操作和保护动作的情况下分闸。通过调查分析和设备检测，确定故障原因是该间隔测控装置的过程层通信插件（NPI 插件）以太网芯片 DP83640 有虚焊，导致误发送"断路器遥控分闸"报文并造成断路器误动。

4 案例分析

分闸前该站处于正常运行方式，现场无操作和检修工作。现场检查保护、测控、智能终端与监控后台的记录，发现该间隔保护装置无动作记录，测控装置无后台及远方的遥控操作记录，监控后台无遥控分闸记录，智能终端"控分"灯点亮，智能终端 STJ（手跳继电器）启动。变电站 SCD 文件中故障间隔跳闸等关键回路虚端子连接正确。网络记录分析装置报文记录表明，该间隔测控装置在故障时刻开始连发 5 帧遥控分闸的 GOOSE 报文，113ms 后 GOOSE 报文遥控分闸命令变位返回。如图 1 所示为故障时刻网络记录分析装置捕获报文。

通过调取装置内部数据分析，CPU 插件在故障时没有相应记录，测控装置 NPI 插件有 GOOSE 发送报文的记录，发出 GOOSE 报文的状态计数与网分所捕获报文的状态计数一致，而且 NPI 插件自上一次重启以来接收到 118 帧误码。

测控装置 FCK-851B/G 过程层通信插件（NPI 插件）数据处理流程如图 2 所示。

通过搭建模拟环境，对装置进行进一步测试。修改装置软件将报文发送频率增加 1000 倍（0.5ms）后，拷机过程中装置出现误发 GOOSE 报文的情况。检查硬件，发现

NPI 插件接收报文的以太网芯片 DP83640 有虚焊现象，接触不牢，待消除虚焊现象后，NPI 插件不再接收到误码。NPI 故障插件如图 3 所示。

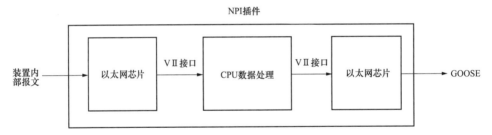

图 1　故障时刻网络记录分析装置捕获报文

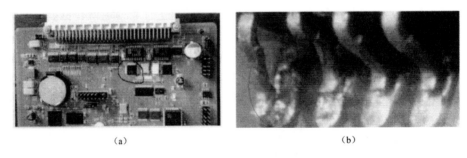

图 2　过程层通信插件（NPI 插件）数据处理流程

图 3　NPI 故障插件
（a）NPI 插件；（b）以太网芯片管脚虚焊

测控装置的 NPI 插件以太网芯片存在虚焊导致 NPI 插件接收到的报文有误码。NPI 插件报文为 16 位 CRC 校验，理论上存在误码能通过 CRC 校验的可能性，从而导致错误的报文进入后续的 GOOSE 报文发送流程，引起装置误发 GOOSE 报文。

5 监督意见及要求

（1）在出厂联调阶段，应对测控装置插件进行检查，及时发现工艺质量问题。

（2）测控装置属于自动化设备，搬运及安装过程中应避免设备受到冲撞。

报送人员：梁文武、臧欣。

报送单位：国网湖南电科院。

第 4 章

保护通信设备技术监督
典型案例

220kV 变电站远动双机设计缺陷导致遥信误发

监督专业：自动化		监督手段：故障调查	
发现环节：运维检修		问题来源：设备制造	

1 监督依据

《国家电网公司十八项电网重大反事故措施（修订版）》（国家电网生〔2012〕352 号）

GB/T 13729—2002《远动终端设备》

2 违反条款

GB/T 13729—2002《远动终端设备》第 3.3.1 条规定："在满足规定的功能要求条件下，设计应满足与环境相适应的机械性能，电磁兼容性等要求，考虑运行可靠性、可维护性和可扩性，兼顾经济合理性。"

《国家电网公司十八项电网重大反事故措施（修订版）》（国家电网生〔2012〕352 号）第 16.1.2.2 条规定：发电厂、变电站基（改、扩）建工程中调度自动化设备的设计、选型应符合调度自动化专业有关规程规定，并须经相关调度自动化管理部门同意。现场设备的接口和传输规约必须满足调度自动化主站系统的要求。

3 案例简介

某 220kV 变电站 220kV 线路保护动作跳闸，重合闸成功，信号及时准确上传至地方调度及省级调度。两天后，地方调度主站又收到该线路保护动作跳闸、重合闸动作等信号，而省级调度主站并未收到相关信号。经现场确认该线路此时刻实际未发生跳闸，线路保护也未动作，该系列跳闸信号属遥信误发事件。经调查为：远动装置主备机切换后，由于设计缺陷，原远动备机将其存储的两天前的线路事故跳闸相关信号发送给主站，导致遥信误发事件。

4 案例分析

4.1 原因分析

经现场核实变电站第二次发送的线路保护动作跳闸信号与线路实际运行情况不符，为遥信误发事件。主站截取的误发信号查询画面及主站存储的误发信号报文，与主站第一次收到的线路保护动作跳闸信号时序完全一致。遥信误发事件发生前，地方调度自动化曾进行前置同步操作，重新与变电站远动装置建立通信链路，故怀疑遥信误发事件为远动装置所致。

该站远动装置为双机配置，一主一备。为避免在主备机切机时，由于主机短时远动链路中断可能导致的数据丢失，该型号远动装置设计备机存储与主机相同数据。正常情况下，主备双机相互独立运行，主备机分别存储各间隔测控及保护信息且相互不影响。主、备机均可以通过调度数据网 104 通道与主站建立链路连接，主备地位可自由转换。运行时，由远动主机向主站传输数据，而远动备机仅与主站保持链路问答联系，不向主站传输数据。其运行链路示意图如图 1 所示。然而在远动主备机切换后，远动备机无法判别其所

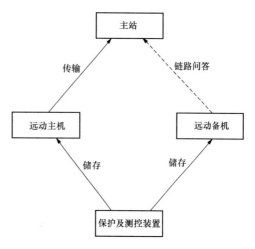

图 1　运行链路示意图

存储的数据是否已发，会将之前存储的全部状态信号均发送给主站，导致远动装置遥信误发。

主站与厂站通信链路中断后重新建立连接时，主站端将同时向两台远动装置发出通信链路请求，两台远动装置不分主次同时与主站端开始建立链接，两台远动装置哪一台先响应，将先建立与主站的链接，作为主机向主站传输数据。这种情况下，极易发生远动主备机切换。

本次遥信误发事件发生前，地方调度自动化主站曾进行前置同步操作，主站与该站数据网通信链路短暂中断，恢复链路联系后时，经确认为原远动备机先与主站建立连接转为主机，原远动主机转为备机，远动主备机切换。

综合上述分析，本次遥信误发事件系远动装置设计缺陷导致。可还原事件过程：220kV 某站远动装置主备机切换后，原远动备机集中发送了其存储的两天前某线路事故跳闸相关信号近 40 条，导致了遥信误发。

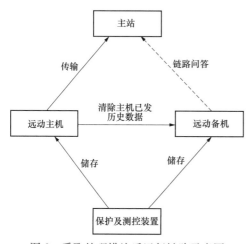

图 2　采取处理措施后运行链路示意图

4.2　处理措施

由于厂站端远动装置主备机切换的情况比较常见，无法通过主站屏蔽此类误发遥信，故只能通过修改远动装置软件来消除该缺陷。目前较为可行的处理方法为在两台远动装置中加入一个判别模块。此模块主要功能：远动主机将每隔 30min 对远动备机所存储的数据进行判别，若判别数据已发则将此条数据清除，若判别数据未发则将此数据保存。加入判别模块后运行链路示意图如图 2 所示。

5 监督意见及要求

（1）此类远动装置设计缺陷导致的遥信误发事件具有普遍性。不同厂家、不同型号的远动装置均可能发生此类设计缺陷，即远动主备机切换后，远动备机将大量过时信号发送至主站。

（2）针对存在此类设计隐患的远动装置，由于厂站端远动装置主备机切换的情况比较常见，无法通过主站屏蔽此类误发遥信，建议联系远动装置设备厂家采取本案例类似的处理措施，避免遥信误发事件。

报送人员：王亮。

报送单位：国网湖南省益阳供电公司。

220kV 变电站不间断电源损坏导致监控数据中断

监督专业：自动化与安全防护　　监督手段：故障调查
发现环节：运维检修　　　　　　问题来源：工程设计

1　监督依据

《国家电网公司十八项电网重大反事故措施（修订版）》（国家电网生〔2012〕352 号）

2　违反条款

《国家电网公司十八项电网重大反事故措施（修订版）》（国家电网生〔2012〕352 号）第 16.1.1.4 条规定：调度自动化主站系统应采用专用的、冗余配置的不间断电源装置（UPS）供电，不应与信息系统、通信系统合用电源。交流供电电源应采用两路来自不同电源点供电。发电厂、变电站远动装置、计算机监控系统及其测控单元、变送器等自动化设备应采用冗余配置的不间断电源（UPS）或站内直流电源供电。具备双电源模块的装置或计算机，两个电源模块应由不同电源供电。相关设备应加装防雷（强）电击装置，相关机柜及柜间电缆屏蔽层应可靠接地。

3　案例简介

某 220kV 变电站主变压器跳闸，监控数据中断。现场检查为：该变电站自动化设备未满足双电源冗余配置要求，且仅有的 UPS 设备事故发生前已损坏，主变压器跳闸后，站用电电源丢失，监控系统、站用交换机等装置失电，导致监控数据中断。

4　案例分析

4.1　现场检查

某 220kV 变电站主变压器跳闸，主站未收到该变电站事故告警信号，遥测数据也不刷新。现场检查发现该站监控后台机无显示，站用交换机为交流电源供电，已无电源指示，如图 1 所示。

该站未按照《国家电网公司十八项电网重大反事故措施（修订版）》第 16.1.1.4 条规定，交流供电电源应采用两路来自不同电源点供电。全站交流电源均来自唯一的一台 UPS 装置，如图 2 所示。其交流输入来自主

图 1　站内交换机

变压器低压侧的站用变压器，直流输入来自站内直流母线。

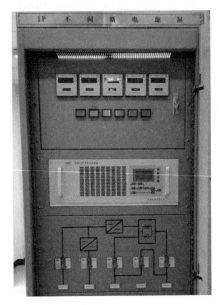

图 2　UPS 装置

现场检查 UPS 装置已无交流电源输入，有直流输入，但无交流输出。主变压器跳闸后站用变压器失电，故交流输入中断。恢复站用变压器电源后，再次检查 UPS 装置发现，交流输出已恢复。经检查发现该 USP 装置直流逆变功能已损坏，装置自行切至旁路状态运行，即交流输入输出供电。

4.2　事故分析

（1）主变压器跳闸前，该站 UPS 装置实际已损坏，自行切至旁路状态运行。

（2）主变压器跳闸后，站用变压器失电，UPS 装置因交流输入中断，交流输出也中断。

（3）由于站内仅有一路交流电源（UPS）供电设备，如站内交换机、监控后台、调度数据网设备均失电，测控装置（直流供电）数据无法上送至远动装置（直流供电），主站监控数据中断，监控后台也无数据或信息。

4.3　处理措施

（1）更换已损坏的 UPS 装置。

（2）原交流供电的站内交换机更换为直流供电。

（3）增加一台 UPS 电源设备，以满足监控系统主机和调度数据网络接入设备交流供电双电源的要求。

5　监督意见及要求

（1）对已投运的 UPS 装置，定期开展切换试验，确定 UPS 装置功能正常。对已损坏或不满足运行要求的 UPS 装置，及时进行更换。

（2）站内交流供电装置，如站内交换机、远动装置等，如交流供电设备建议更换为直流供电设备。

（3）新、改、扩建 220kV 及以上变电站应配置两路交流电源或冗余 UPS。

（4）对已投运 220kV 及以上变电站，不满足双电源配置要求的，应结合整站检修逐步整改。

报送人员：裘丹、罗田、黄海波。
报送单位：国网湖南省衡阳供电公司。

站用 UPS 供电电源未采用冗余配置导致数据网通道中断

监督专业：自动化　　　　　监督手段：故障调查

发现环节：运维检修　　　　问题来源：工程设计

1　监督依据

《国家电网公司十八项电网重大反事故措施（修订版)》（国家电网生〔2012〕352号）

2　违反条款

《国家电网公司十八项电网重大反事故措施（修订版)》（国家电网生〔2012〕352号）第 16.1.1.4 条规定：调度自动化主站系统应采用专用的、冗余配置的不间断电源装置（UPS）供电，不应与信息系统、通信系统合用电源。交流供电电源应采用两路来自不同电源点供电。发电厂、变电站远动装置、计算机监控系统及其测控单元、变送器等自动化设备应采用冗余配置的不间断电源（UPS）或站内直流电源供电。具备双电源模块的装置或计算机，两个电源模块应由不同电源供电。相关设备应加装防雷（强）电击装置，相关机柜及柜间电缆屏蔽层应可靠接地。

3　案例简介

某 110kV 变电站 35kV 母线差动保护动作，主变压器中压侧开关跳闸，地方调度主站未收到相关所有保护动作、跳闸等信息。经调查为该站调度数据网接入设备未满足双电源冗余配置要求，事故期间装置失电，导致数据网通道中断。

4　案例分析

4.1　原因分析

如图 1 所示为某 110kV 变电站一次接线图。全站两台站用变压器，1 号站用变压器接入 10kV Ⅰ母，2 号站用变压器接在 35kV Ⅱ母。事故发生时 1 号站用变压器处于热备用状态，2 号站用变压器处于运行状态，承担全站站内负荷。

现场勘查发现，该站只配备了一台 UPS 电源系统，容量为 1000VA，负责给远动装置和监控后台机供电。因 UPS 容量不足，其他交流供电设备，如调度数据网接入设备直接由站内交流电源供电。

该站与地方调度主站通信有两条数据通道，即数据网 104 通道和专线 101 通道，互为备用。其中数据网 104 通道需经过该站调度数据网接入设备。地方调度主站系统通道检测周期默认设置为30s，即某站值班数据通道中断30s后，才会被主站检测发现，切换至备用数据通道。事故发生时该站值班数据通道为数据网104通道。

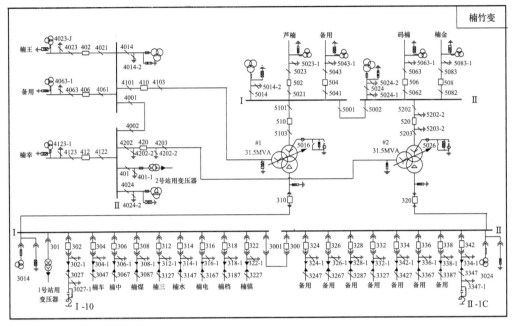

图1　某110kV变电站一次接线图

事故全过程如下：

（1）21：38：55，某110kV变电站35kV线路402开关拒动，越级跳1号主变压器中压侧开关410和2号主变压器中压侧开关420，35kVⅠ母、Ⅱ母同时失电。

（2）35kVⅡ母失电压，2号站用变压器失电，全站交流电源消失。

（3）由于只有一路交流电源供电，调度数据网接入设备失电，数据网104通道中断。

（4）21：39：31，地方调度主站检测发现该站数据通道中断，切换至专线101通道，数据传输恢复正常。

（5）21：38：55～21：39：31，全站数据未能正常发送至地方调度主变电站，保护动作、410跳闸、420跳闸等所有数据信息丢失。

4.2　处理措施

（1）增加一台可满足该站全部双电源设备供电需求的UPS装置。

（2）原交流供电的远动装置更换为直流供电。

（3）调度数据网接入设备进行双电源配置改造，一路电源由新的UPS供电，另一路电源由原UPS供电（取代远动装置）。

5　监督意见及要求

（1）变电站调度数据网接入设备应满足双电源冗余配置要求，至少一路电源由UPS提供，以防止站用变压器失电后，数据网通道中断。

（2）站内UPS容量必须满足站内全部双电源设备（交流供电的远动装置、交流供电的站内交换机、监控后台机和调度数据网接入设备）的负荷需求。

（3）在进行地方调度主站系统通道检测周期设置时，以缩短值班/备用数据通道检测切换时间。

（4）站内交流供电装置，如站内交换机、远动装置应逐步更换为直流供电设备。

报送人员：龙立波。

报送单位：国网湖南省常德供电公司。

远动机传输规约不满足调度要求导致保护动作信号漏发

监督专业：自动化　　　　监督手段：故障调查
发现环节：运维检修　　　问题来源：设备安装

1　监督依据

《国家电网公司十八项电网重大反事故措施（修订版）》（国家电网生〔2012〕352号）

2　违反条款

《国家电网公司十八项电网重大反事故措施（修订版）》（国家电网生〔2012〕352号）第16.1.2.2条规定：发电厂、变电站基（改、扩）建工程中调度自动化设备的设计、选型应符合调度自动化专业有关规程规定，并须经相关调度自动化管理部门同意。现场设备的接口和传输规约必须满足调度自动化主站系统的要求。

3　案例简介

某110kV变电站326间隔事故跳闸，但地方调度自动化主站未收到该站保护动作信号，未推事故告警框。检查原始报文发现只有SOE信号，无遥信信号。经调查为该站远动装置传输规约设置不满足调度主站的要求，导致遥信信号漏发。

4　案例分析

4.1　事件过程

某110kV变电站326间隔事故跳闸，地方调度自动化主站未收到该站保护动作信号，未推事故告警框。地方调度自动化值班人员检查该时段地方调度主站接收的原始报文发现，该站104调度数据网通道上传报文中有相关间隔的保护动作SOE报文，但无遥信报文。其后主站下发总召指令，正常情况站端应上传全部遥信信号，但实际站端上传报文信号缺少部分遥信信号。

4.2　现场试验

检修人员利用该站停电检修对相关间隔开展保护动作试验。试验过程中，地方调度自动化主站未收到该站保护动作信号，无法点亮该信号光字牌。查看变电站原始报文，与主站原始报文类似，站端上传保护动作信号有SOE，无遥信信号（包括保护动作、事故总和开关变位），如图1所示为主变电站告警信号截图。

从图1上可看出主站收到的相关间隔保护动作、事故跳闸均为SOE信号，对应的遥信信号均未收到。目前主站设置为光字牌点亮需收到相应的遥信信号，事故告警框推

图 1　主站告警信号截图

送更是需要开关变位的信号。故主站相应光字牌未点亮，事故告警框未推送，与信号漏发一致。

4.3　原因分析

厂站自动化设备向主站转发遥信、遥测等信息原始报文，报文通过通信通道上传至主站，主站对厂站原始报文进行规约解析，以告警条、光字牌、事故框、画面等形式向监控人员展示。如图 2 所示为主站与子站信息交互流程图。

图 2　主站与子站信息交互流程图

该站现场与地方调度自动化主站进行信号联调。就地在远动装置上触发保护动作信号，主站端、厂站端分别截取报文进行比对，如图 3 和图 4 所示。

从图 4 可以看出，报文 1 主站正常解析，报文 2、3、4 均提示为其他类型数据（图中红框所示），不能正常解析。根据厂站端定义，报文 2、4，数据类型为 26，为带时标的继电保护装置事件，即厂站端定义的 SOE，主站没有 26 数据类型的定义，因而无法解析。报文 3 为带时标的双点遥信，为厂站端定义的变位双点遥信。主站定义的变位双点遥信类型为 03，与厂站端定义不一致，导致厂站端上传的变位信号无法解析。通过反复试验后，得到主站与厂站端数据类型定义差异，具体见表 1。

TIME: Fri Jul 10 10:28:08 2015

  RECV:68 15 4e 81 dc 05 1e 01 03 00 01 00 01 00 00 01 58 1b 1c 0a 0a 07 0f　报文1

规约类型为: PROTO_IEC_104

68:启动字符；　15:长度；　4e 81:发送序号；　dc 05:接收序号；　01:信息体数目1；

01 00:公共地址，即 RTU 站址；　03 00:传送原因:突发；

1e:SOE 报文；　长时标 SOE 事件

点号:1　　　　SOE 通信状态:01　时标:15 年 07 月 10 日 10 时 28 分 07 秒

TIME: Fri Jul 10 10:28:08 2015

  SEND:68 04 01 00 50 81

规约类型为: PROTO_IEC_104

68:启动字符；　04:长度；　01:控制域

TIME: Fri Jul 10 10:28:08 2015

  RECV:68 17 50 81 dc 05 26 01 03 00 01 00 00 00 00 00 02 00 00 58 1b 1c 0a 0a 07 0f　报文2

规约类型为: PROTO_IEC_104

68:启动字符；　17:长度；　50 81:发送序号；　dc 05:接收序号；　01:信息体数目1；

01 00:公共地址,即 RTU 站址；　03 00:传送原因:突发；

其他类型标识

TIME: Fri Jul 10 10:28:08 2015

  RECV:68 15 52 81 dc 05 1f 01 03 00 01 00 e6 00 00 02 1d 19 19 0a 0a 07 0f　报文3

规约类型为: PROTO_IEC_104

68:启动字符；　15:长度；　52 81:发送序号；　dc 05:接收序号；　01:信息体数目1；

01 00:公共地址,即 RTU 站址；　03 00:传送原因:突发；

其他类型标识↵

TIME: Fri Jul 10 10:28:08 2015↵

  RECV:68 17 54 81 dc 05 26 01 03 00 01 00 e6 00 00 02 00 00 1d 19 19 0a 0a 07 0f　报文4

规约类型为: PROTO_IEC_104

68:启动字符；　17:长度；　54 81:发送序号；　dc 05:接收序号；　01:信息体数目1；

01 00:公共地址,即 RTU 站址；　03 00:传送原因:突发；　↵

其他类型标识

图 3　主站端对应解析报文

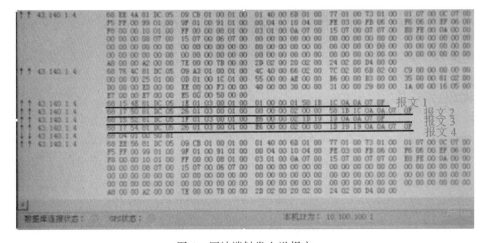

图 4　厂站端触发上送报文

表 1　　　　　　　　　　　　　　　主站与厂站数据类型定义对比

数据类型	主变电站	子 变 电 站
01	单位遥信（变位）	未定义
03	双位遥信（变位）	未定义
1e	单位遥信（SOE）	带时标 CP56Time2a 的单点信息（变位）
1f	双位遥信（SOE）	带时标 CP56Time2a 的双点信息（变位）
26	未定义	带时标 CP56Time2a 的继电保护装置事件（SOE）

因厂站将保护动作信号上送数据类型均定义为 1e、1f、26，与主站不符，故该站发生事故时，厂站上送保护动作遥信信号未被主站接收，导致遥信漏发。同样的原因，主站总召时，厂站上送的部分数据类型与主站不符，导致主站未接收此部分数据。

4.4　处理措施

（1）根据主站数据定义，对该厂站上传数据类型重新进行配置，确保与主站保持一致。变位遥信由 01 传送，SOE 由 1e 传送。完成修改后，通过触发试验验证，主站能同时解析出保护 SOE 及变位信号，如图 5 和图 6 所示。主站下发总召指令后，能收到全部遥信信号。

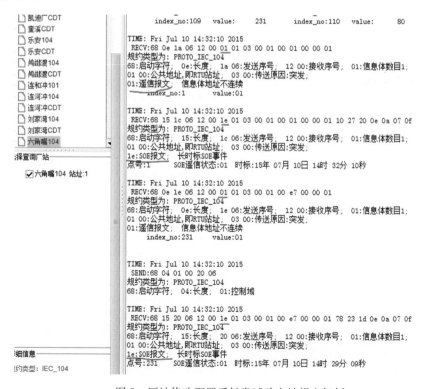

图 5　厂站修改配置后触发试验主站报文解析

（2）对同厂家的远动装置开展全面排查，对上传数据类型与主站定义不一致的，统一开展整改，避免类似事件再次发生。

图6 厂站修改配置后触发试验报出的告警信号

5 监督意见及要求

（1）厂站自动化设备的传输规约必须满足调度自动化主站系统的要求。

（2）厂站信号通过双通道接入调度自动化系统，必须确保双通道数据传输的可靠性及准确性。在进行厂站信号联调时，主站必须手动切换通道，对调度数据网通道及专线通道应分别进行信号对调。

报送人员：黄娟。

报送单位：国网湖南省益阳供电公司。

自动化装置备份软件不正确导致数据异常

监督专业：自动化　　　　监督手段：故障调查
发现环节：运维检修　　　　问题来源：设备调试

1　监督依据

《国家电网公司十八项电网重大反事故措施（修订版）》（国家电网生〔2012〕352号）

2　违反条款

《国家电网公司十八项电网重大反事故措施（修订版）》（国家电网生〔2012〕352号）第 16.1.3.4 条规定：应制定和落实调度自动化系统应急预案和故障恢复措施，系统和运行数据应定期备份。

3　案例简介

检修人员对某 220kV 变电站远动装置进行升级改造。装置调试过程中，出现遥测数据异常现象。经检查分析，异常原因是由自动化装置备份软件不正常所致。检修后，全站遥测数据恢复正常。

4　案例分析

4.1　故障过程描述

检修人员按计划对某 220kV 变电站远动装置进行升级，增加省级调度远动业务接入地区调度数据网。该站远动装置为双机配置，其与主站接线示意图如图 1 所示。

装置调试过程中，造成省级调度、地方调度主站某日 15：06～23：02 收到的该站遥测数据异常，时间长达 8h。

故障具体过程如下：

（1）11：00～11：30，检修人员对该站远动 B 机进行备份、升级。

（2）14：55～15：20，检修人员对该站远动 A 机进行备份、升级。

（3）15：20，省级调度自动化值班员告知现场检修人员该站遥测数据异常，如图 2 所示，已采取对端代等紧急处置措施，并要求马上消除故障，同时，发现地方调度收到的该站遥测数据也出现异常，如图 3 所示。

（4）15：22～21：30，检修人员先后将升级前、8 月和 4 月的备份软件下装至远动 A 机、远动 B 机，试图恢复数据正常传输，但都失败，遥测数据异常现象未消除。

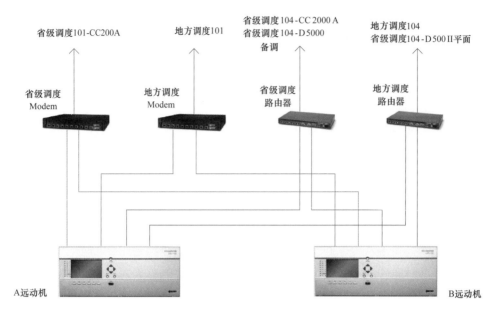

图1 该站远动装置接线示意图

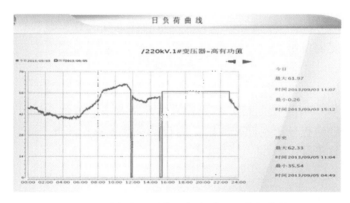

图2 1号主变压器高压侧有功遥测数据曲线

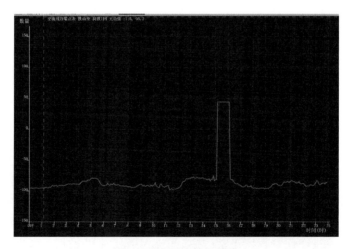

图3 无功遥测数据曲线

（5）21：30，厂家技术人员赶到现场，用其自带的备份软件下装至远动 A 机和 B 机，并重启远动 A 机和 B 机。

（6）23：03，省级调度、地方调度收到的该站遥测数据恢复正常。

4.2　原因分析及处理措施

故障排除后，厂家技术人员与检修人员进行备份软件的对比分析，发现检修人员备份软件中某一通用模块数据文件有误，与正确的数据文件不一致。后经实验室检测，确定该数据文件的错误是导致遥测数据异常的原因。

备份软件不正确是导致本次故障无法及时消除的主要原因。而未能有效确保备份软件的正确性是本次故障暴露的深层次原因。为防止类似事件发生，在厂家技术人员配合下逐一核对各型号远动装置备份软件的正确性。

5　监督意见及要求

（1）新入网或升级改造的远动及测控装置应在投运或升级前对所用的软件版本进行备份，应确保所备份的软件与装置中原运行软件一致，若技术能力不足，应请厂家技术人员现场指导。

（2）对于同型号多台新入网或升级改造远动及测控装置应逐一进行投运或升级改造，与调度主站确认数据正常后，才应进行另一台装置的投运或升级改造，以免出现全站或多间隔数据异常情况。

报送人员：张拯。

报送单位：国网湖南省常德供电公司。